U0238723

"十四五"国家重点出版物出版规划项目

生态环境损害鉴定评估系列丛书　　总主编　高振会

国家出版基金项目
NATIONAL PUBLICATION FOUNDATION

地表水与沉积物环境损害鉴定技术

主　编　张　建

副主编　刘录三　林岿璇　黄理辉　孙　婷

参　编　张　建　刘录三　林岿璇　黄理辉

　　　　孙　婷　李　奥

主　审　谢　刚

山东大学出版社
SHANDONG UNIVERSITY PRESS

·济南·

内容简介

本书系统地介绍了地表水与沉积物环境损害鉴定技术相关知识,共分为6章,内容包括鉴定评估的主要技术环节,调查评估重点,水污染事件暴露评估、风险评估与因果关系判定、损害评估的关系,地表水与沉积物环境损害确认,常用水质模拟模型和暴露评估模型,水生态系统服务功能评估等。

本书可供生态环境损害科研院所研究人员参考使用,也可作为高等院校环境类相关专业本科生、研究生教材,还可作为生态环境损害司法鉴定人员资格考试培训教材。

图书在版编目(CIP)数据

地表水与沉积物环境损害鉴定技术/张建主编.—
济南:山东大学出版社,2024.10
(生态环境损害鉴定评估系列丛书/高振会总主编)
ISBN 978-7-5607-7866-2

Ⅰ.①地… Ⅱ.①张… Ⅲ.①水污染-危害性-评估
-教材 Ⅳ.①X52

中国国家版本馆 CIP 数据核字(2023)第 119901 号

责任编辑 祝清亮
文案编辑 蒋新政
封面设计 王秋忆

地表水与沉积物环境损害鉴定技术
DIBIAOSHUI YU CHENJIWU HUANJING SUNHAI JIANDING JISHU

出版发行 山东大学出版社
社　　址 山东省济南市山大南路 20 号
邮政编码 250100
发行热线 (0531)88363008
经　　销 新华书店
印　　刷 济南乾丰云印刷科技有限公司
规　　格 787 毫米×1092 毫米　1/16
　　　　 8.25 印张　115 千字
版　　次 2024 年 10 月第 1 版
印　　次 2024 年 10 月第 1 次印刷
定　　价 32.00 元

版权所有 侵权必究

生态环境损害鉴定评估系列丛书
编委会

名誉主任　王文兴

主　　任　丁德文

副 主 任　高振会　郑振玉　刘国正　欧阳志云

　　　　　舒俭民　许其功　张元勋

委　　员　（按姓氏笔画排序）

马启敏	王　伟	王　蕙	王仁卿	孔令帅
孔德洋	巩玉玲	达良俊	庄　文	刘　冰
刘　建	刘子怡	刘战强	关　锋	许　群
孙　菲	孙　婷	李　奥	李　翔	李士雷
李学文	杨永川	宋俊花	宋桂雪	宋清华
张　建	张式军	张依然	张效礼	张雅楠
林佳宁	郑培明	赵德存	胡晓霞	段志远
段海燕	贺　凯	秦天宝	高　蒙	唐小娟
黄丽丽	黄理辉	曹险峰	程永强	谢　刚

总　序

　　生态环境损害责任追究和赔偿制度是生态文明制度体系的重要组成部分,有关部门正在逐步建立和完善包括生态环境损害调查、鉴定评估、修复方案编制、修复效果评估等内容的生态环境损害鉴定评估政策体系、技术体系和标准体系。目前,国家已经出台了关于生态环境损害司法鉴定机构和司法鉴定人员的管理制度,颁布了一系列生态环境损害鉴定评估技术指南,为生态环境损害追责和赔偿制度的实施提供了快速定性和精准定量的技术指导,这也有利于促进我国生态环境损害司法鉴定评估工作的快速和高质量发展。

　　生态环境损害涉及污染环境、破坏生态造成大气、地表水、地下水、土壤、森林、海洋等环境要素和植物、动物、微生物等生物要素的不利改变,以及上述要素构成的生态系统功能退化。因此,生态环境损害司法鉴定评估涉及的知识结构和技术体系异常复杂,包括分析化学、地球化学、生物学、生态学、大气科学、环境毒理学、水文地质学、法律法规、健康风险以及社会经济等,呈现出典型的多学科交叉、融合特征。然而,我国生态环境司法鉴定评估体系建设总体处于起步阶段,在学科建设、知识体系构建、技术方法开发等方面尚不完善,人才队伍、研究条件相对薄弱,需要从基础理论研究、鉴定评估技术研发、高水平人才培养等方面持续发力,以满足生态环境损害司法鉴定科学、公正、高效的需求。

　　为适应国家生态环境损害司法鉴定评估工作对专业技术人员数量和质量

的迫切需求,司法部生态环境损害司法鉴定理论研究与实践基地、山东大学生态环境损害鉴定研究院、中国环境科学学会环境损害鉴定评估专业委员会组织编写了生态环境损害鉴定评估系列丛书。本丛书共十二册,涵盖了污染物性质鉴定、地表水与沉积物环境损害鉴定、空气污染环境损害鉴定、土壤与地下水环境损害鉴定、海洋环境损害鉴定、生态系统环境损害鉴定、其他环境损害鉴定及相关法律法规等,内容丰富,知识系统全面,理论与实践相结合,可供环境法医学、环境科学与工程、生态学、法学等相关专业研究人员及学生使用,也可作为环境损害司法鉴定人、环境损害司法鉴定管理者、环境资源政府主管部门相关人员、公检法工作人员、律师、保险从业人员等人员继续教育的培训教材。

鉴于编者水平有限,书中难免有不当之处,敬请批评指正。

2023 年 12 月

前　言

为促进和保障我国生态文明建设，打击破坏生态、污染环境的行为，我国实行了生态环境损害赔偿制度。其中，生态环境损害鉴定是落实赔偿的基础，其涉及面非常广，涉及环境科学、生态学、化学、经济管理等多个学科，在国外已经形成了一个专门学科——环境法医学。在我国，生态环境损害鉴定的相关研究刚刚开始起步，相关技术规范还不是很健全。迄今为止，尚无较完善、较系统的全面论述生态环境损害鉴定理论和技术的教材。为更好地解决生态环境损害鉴定过程中遇到的技术问题，助力理论研究的深入开展，提高从业人员的专业技术能力，山东大学生态环境损害鉴定研究院组织编写了生态环境损害鉴定系列丛书。

本书将作为环境法医学研究生的专业课用书，可作为生态环境损害鉴定从业人员提升执业能力的培训教材，也可作为从事生态环境损害鉴定相关行业和政府部门工作人员的参考用书。

本书共分6章，分别从鉴定评估的主要技术环节、调查评估重点、水污染事件暴露评估、风险评估与因果关系判定、损害评估的关系、地表水与沉积物环境和水生态系统服务功能基线、常用水质模拟模型和暴露评估模型、水生态系统服务功能评估等方面，较为系统地介绍了地表水与沉积物生态环境损害鉴定理论及技术的发展、定义和内涵，也参考国家部委颁布的有关技术规范，对主要工作内容、步骤以及涉及的模拟和评估模型进行了诠释。

参与本书编写、校对的人员还有：胡旭阳、王雪瑶、井振阳、屈政君、程旭、毕一双、姚昕洋、温慧敏等同学。本书在编写过程中得到了高振会教授、舒俭民教授、张元勋教授等学者的悉心指导，在这里一并感谢！

由于时间匆忙，错误难免，希望广大读者给予谅解！在再版中将逐一修订完善。

编　者

2023 年 11 月 6 日

目　录

第1章　地表水与沉积物生态环境损害鉴定评估的主要技术环节 ········· 1

　　1.1　鉴定评估工作程序 ·················· 1

　　1.2　鉴定评估的主要技术环节 ··················· 1

　　1.3　鉴定评估报告（意见）书编制总体要求 ··············· 12

第2章　生态环境损害调查评估重点 ··············· 16

　　2.1　调查原则 ················· 16

　　2.2　工作内容与工作程序 ··············· 17

第3章　水污染事件暴露评估、风险评估与因果关系判定、损害评估的关系 ··· 43

　　3.1　污染环境行为导致损害的因果关系分析 ··············· 44

　　3.2　破坏生态行为导致损害的因果关系分析 ··············· 47

　　3.3　损害评估方法 ··············· 48

第4章　地表水与沉积物环境损害确认 ··············· 56

　　4.1　基线调查与确认 ··············· 57

4.2 人身损害 ⋯⋯⋯⋯⋯⋯⋯⋯⋯⋯⋯⋯⋯⋯⋯⋯⋯ 59

4.3 财产损害 ⋯⋯⋯⋯⋯⋯⋯⋯⋯⋯⋯⋯⋯⋯⋯⋯⋯ 60

4.4 生态环境损害 ⋯⋯⋯⋯⋯⋯⋯⋯⋯⋯⋯⋯⋯⋯⋯ 60

第 5 章 常用水质模拟模型和暴露评估模型 ⋯⋯⋯⋯⋯⋯ 62

5.1 特征污染物模拟常用数学模型基本方程及其适用条件 ⋯⋯⋯ 63

5.2 暴露评估常用模型 ⋯⋯⋯⋯⋯⋯⋯⋯⋯⋯⋯⋯⋯ 78

第 6 章 水生态系统服务功能评估 ⋯⋯⋯⋯⋯⋯⋯⋯⋯ 81

6.1 恢复方案的制定 ⋯⋯⋯⋯⋯⋯⋯⋯⋯⋯⋯⋯⋯ 81

6.2 环境资源价值量化方法 ⋯⋯⋯⋯⋯⋯⋯⋯⋯⋯⋯ 96

6.3 地表水与沉积物恢复效果评估 ⋯⋯⋯⋯⋯⋯⋯⋯⋯ 98

6.4 常见水生态系统服务功能损害评估方法 ⋯⋯⋯⋯⋯ 100

参考文献 ⋯⋯⋯⋯⋯⋯⋯⋯⋯⋯⋯⋯⋯⋯⋯⋯⋯⋯ 111

第1章　地表水与沉积物生态环境损害鉴定评估的主要技术环节

1.1　鉴定评估工作程序

参照《生态环境损害鉴定评估技术指南　总纲和关键环节　第1部分:总纲》(GB/T 39791.1—2020),地表水与沉积物生态环境损害鉴定评估工作的完整程序包括七个阶段:工作方案制定、损害调查确认、因果关系分析、地表水与沉积物损害实物量化、地表水与沉积物损害恢复和价值量化、地表水与沉积物损害鉴定评估报告编制及地表水与沉积物恢复效果评估。根据不同的事件类型、委托目的及事项、评估条件,实际的评估程序可以适当简化或细化。生态环境损害鉴定评估工作流程见图1-1。

1.2　鉴定评估的主要技术环节

地表水与沉积物生态环境损害鉴定评估的主要技术环节包括鉴定评估准备、地表水与沉积物损害调查确认、地表水与沉积物损害因果关系分析、地表水与沉积物损害实物量化、地表水与沉积物损害恢复和价值量化、地表水与沉积物损害鉴定评估报告编制、地表水与沉积物恢复效果评估。

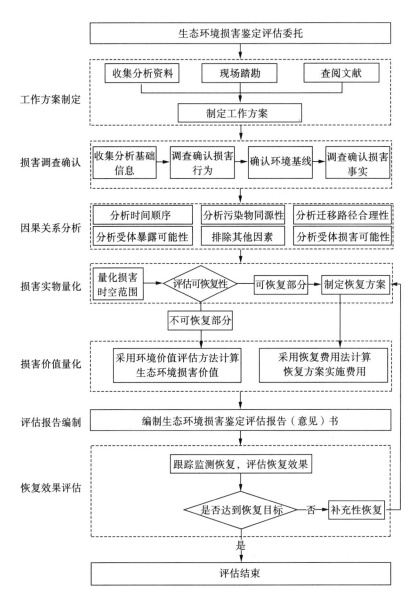

图 1-1　生态环境损害鉴定评估流程图

1.2.1　鉴定评估准备

通过资料收集分析、现场踏勘、座谈走访、文献查阅、问卷调查等方式,掌握地表水与沉积物损害的基本情况和主要特征,确定生态环境损害鉴定评估的内容和范围,筛选特征污染物、评估指标和评估方法,编制鉴定评估工作方案。

1.2.2　地表水与沉积物损害调查确认

根据生态环境损害鉴定评估工作方案,组织开展污染环境和破坏生态行为以及地表水与沉积物损害状况调查或相关资料收集。地表水与沉积物损害调查应编制调查方案,明确地表水与沉积物损害调查的目标、内容、方法、质量控制和质量保证措施,并进行专家论证。

通过开展地表水与沉积物污染状况调查以及水生态系统服务功能调查,确定地表水与沉积物环境质量及水生态系统服务功能的基线水平,判断地表水与沉积物环境及水生态系统服务功能是否受到损害。地表水与沉积物损害调查确认的方法如下。

(1)收集分析污染环境、破坏生态行为的相关资料,开展现场踏勘和采样分析等,掌握污染环境、破坏生态行为的基本情况。

①明确污染环境、破坏生态行为的发生时间、地点,了解污染排放方式、排放去向、排放频率、特征污染物、排放浓度、排放过程、排放总量等情况。

②掌握围湖造田、非法捕捞及养殖等破坏生态行为的破坏方式、破坏对象和影响范围等情况。

③分析污染环境或破坏生态行为产生生态环境损害的可能路径、途径和机制,如特征污染物排放导致地表水、沉积物等损害,并进一步造成生物损害的路径、途径和机制。

(2)收集分析生态环境损害的相关材料,确定生态环境基线,开展生态调查、环境监测、遥感分析、文献查阅等,确认评估区域生态环境与基线相比是否受到损害,识别生态环境损害的类型。

①基线的确定方法包括:

a. 利用污染环境或破坏生态行为发生前评估区域近三年内的历史数据确定基线,数据来源包括水环境和水生态监测、专项调查、学术研究等反映生态环境质量状况的历史数据。

b. 利用未受污染环境或破坏生态行为影响的相似现场数据确定基线,即"对照区域"数据。"对照区域"应与评估区域的生态环境特征、生态系统服务等具有可比性。

c. 利用模型确定基线。可考虑构建环境污染物浓度与种群密度、物种丰度等生态环境损害评价指标间的剂量-反应关系来确定基线。

d. 参考环境基准或国家和地方发布的环境质量标准来确定基线,如《环境空气质量标准》(GB 3095—2012)、《地表水环境质量标准》(GB 3838—2002)、《渔业水质标准》(GB 11607—1989)、《土壤环境质量 农用地土壤污染风险管控标准(试行)》(GB 15618—2018)、《地下水质量标准》(GB/T 14848—2017)等。

②当基线确定所需数据充分时,优先选择方法 a 和 b 确定基线,如果不可行,可考虑选择方法 c 和 d 确定基线。当基线确定所需数据不充分时,可综合采用不同基线确定方法并相互验证。

③生态环境损害确认应满足以下任一条件:

a. 评估区域地表水、沉积物环境介质中特征污染物浓度超过基线的 20%。

b. 评估区域指示物种种群数量或密度降低,且与基线相比存在统计学显著差异。

c. 评估区域指示物种种群结构(性别比例、年龄组成等)改变,且与基线相比存在统计学显著差异。

d. 评估区域植物群落组成和结构发生变化,且与基线相比存在统计学显著差异。

e. 评估区域植被覆盖度降低,且与基线相比存在统计学显著差异。

f. 评估区域生物物种丰度减少,且与基线相比存在统计学显著差异。

g. 评估区域生物体外部畸形、骨骼变形、内部器官和软组织畸形、组织病理学水平损害等发生率增加,且与基线相比存在统计学显著差异。

h. 造成生态环境损害的其他情形。

1.2.3　地表水与沉积物损害因果关系分析

基于污染环境、破坏生态行为和地表水与沉积物损害事实的调查结果，分析污染环境行为或破坏生态行为和地表水与沉积物环境及水生生物、水生态系统、水生态系统服务功能损害之间是否存在因果关系。

（1）因果关系分析应以存在明确的污染环境或破坏生态行为和生态环境损害事实为前提。

（2）污染环境行为与生态环境损害间因果关系分析的主要内容包括环境污染物（污染源、环境介质、生物）的同源性分析、污染物迁移路径的合理性分析、生物暴露的可能性分析和生物发生损害的可能性分析。

①调查分析污染环境或破坏生态行为与生态环境损害发生的时间先后顺序。污染环境或破坏生态行为与生态环境损害间应存在明确的时间先后顺序。

②环境污染物的同源性分析。采样分析污染源、环境介质和生物中污染物的成分、浓度、同位素丰度等，采用稳定同位素或放射性同位素和指纹图谱等技术，结合统计分析方法，判断污染源、环境介质和生物中污染物是否具有同源性。

③迁移路径的合理性分析。分析评估区域气候气象、地形地貌、水文地质等自然环境条件，判断是否存在污染物从污染源迁移至环境介质最后到达生物的可能。建立环境污染物从污染源经环境介质到生物的迁移路径假设，识别划分迁移路径的每一个单元，利用空间分析、迁移扩散模型等方法分析污染物迁移方向、浓度变化等情况，分析判断各个单元是否可以组成完整的链条，验证迁移路径的连续性、合理性和完整性。

④生物暴露的可能性分析。识别生物暴露于环境污染物的暴露介质、暴露途径和暴露方式，结合生物内暴露和外暴露测量，分析判断生物暴露于环

境污染物的可能性。

⑤生物发生损害的可能性分析。通过文献查阅、专家咨询和毒理实验等方法，分析污染物暴露与生态环境损害间的关联性，阐明污染物暴露与生态环境损害间可能的作用机理；建立污染物暴露与生态环境损害间的剂量-反应关系，结合环境介质中污染物浓度、生物内暴露和外暴露量等，分析判断生物暴露水平产生损害的可能性。

⑥排除其他可能的因素的影响，并阐述因果关系、分析结论的不确定性。

（3）破坏生态行为与生态环境损害间的因果关系分析，主要通过文献查阅、专家咨询、样方调查和生态实验等方法来进行，阐明破坏生态行为导致生态环境损害的可能的作用机制，建立破坏生态行为导致生态环境损害的生态链条，分析破坏生态行为导致生态环境损害的可能性。

1.2.4　地表水与沉积物损害实物量化

筛选确定地表水与沉积物环境及水生态系统服务功能损害的评估指标，对比相关指标的现状与基线水平，确定地表水与沉积物环境及水生态系统服务功能损害的范围和程度，计算地表水与沉积物生态环境损害实物量。

1.2.4.1　生态环境损害实物量化内容

（1）综合考虑评估对象、目的、适用条件、资料完备程度等情况，选择适当的实物量化指标、方法和参数。对生态环境质量的损害，一般以特征污染物浓度为量化指标；对生态系统服务的损害，一般选择指示物种群密度、种群数量、种群结构、植被覆盖度等指标作为量化指标。

（2）比较污染环境行为发生前后地表水、沉积物等生态环境质量状况，确定生态环境中特征污染物浓度超过基线的时间、体积和程度等变量和因素。

（3）比较污染环境或破坏生态行为发生前后生物种群数量、密度、结构等的变化,确定生物资源或生态系统服务超过基线的时间、面积和程度等变量和因素。

1.2.4.2　生态环境损害实物量化方法

(1)生态环境损害实物量化的常用方法主要包括统计分析、空间分析、模型模拟。

(2)生态环境损害实物量化过程中应综合利用上述所列方法,并对不同方法量化结果的不确定性进行分析。

1.2.5　地表水与沉积物损害恢复和价值量化

选择替代等值分析方法,编制并比选生态环境恢复方案,估算恢复工程量和工程费用,或采用环境价值评估方法,计算地表水与沉积物损害数额。

1.2.5.1　恢复方案筛选与价值量化内容

(1)生态环境损害价值主要根据将生态环境恢复至基线需要开展的生态环境恢复工程措施的费用进行计算,同时,还应包括生态环境损害开始发生至恢复到基线水平的期间损害。

(2)生态环境恢复方案的筛选应遵循以下程序和要求:

①应首先确定生态环境恢复的总体目标、阶段目标和恢复策略。

②应综合考虑恢复目标、工作量、持续时间等因素,制定备选基本恢复方案。

③估计备选基本恢复行动或措施的实施范围、恢复规模和持续时间等,选择适宜的替代等值分析方法,评估期间损害,计算补偿性恢复行动工程量,制定补偿性恢复方案。

④综合采用专家咨询、费用-效果分析、层次分析法等方法对备选生态环

境恢复方案进行筛选。筛选应重点考虑备选基本恢复方案和补偿性恢复方案的时间与经济成本，兼顾方案的有效性、合法性、技术可行性、公众可接受性、环境安全性、可持续性等因素，筛选比对后确定最优基本恢复和补偿性恢复方案。

⑤在进行生态环境损害评估时，如果既无法将受损的生态环境恢复至基线，也没有可行的补偿性恢复方案弥补期间损害，或只能恢复部分受损的生态环境，则应采用环境价值评估方法对生态环境的永久性损害进行价值评估，计算生态环境损害数额。

(3)生态环境恢复费用按照国家工程投资估算的规定列出，包括工程费，设备及材料购置费，替代工程建设所需的土地、水域等购置费用和工程建设费用及其他费用，采用概算定额法、类比工程预算法编制。污染环境行为发生后，为减轻或消除污染对生态环境的危害而发生的阻断、去除、转移、处理和处置污染物的污染清理费用，以实际发生费用为准，并对实际发生费用的必要性和合理性进行判断。

1.2.5.2 生态环境损害评估方法

生态环境损害评估方法包括替代等值分析方法和环境价值评估方法。替代等值分析方法包括资源等值分析方法、服务等值分析方法和价值等值分析方法。环境价值评估方法包括直接市场价值法、揭示偏好法、效益转移法和陈述偏好法。

优先选择资源等值分析方法和服务等值分析方法。如果受损的生态环境以提供资源为主，采用资源等值分析方法；如果受损的生态环境以提供生态系统服务为主，或兼具资源与生态系统服务，采用服务等值分析方法。

如果不能满足资源等值分析方法和服务等值分析方法的基本条件，可考虑采用价值等值分析方法。如果恢复行动产生的单位效益可以货币化，考虑采用价值-价值法；如果恢复行动产生的单位效益的货币化不可行(耗时过长或成本过高),则考虑采用价值-成本法。同等条件下,优先采用价值-价值法。

如果替代等值分析方法不可行,则考虑采用环境价值评估方法。根据方法的不确定性,建议从小到大依次采用直接市场价值法、揭示偏好法和陈述偏好法,条件允许时可以采用效益转移法。常用的环境价值评估方法如下:

(1)直接市场价值法

①生产率变动法。生产率变动法也称作观察市场价值法,是利用生产率的变动来评价环境状况变动的方法。该方法适用于衡量在市场上交易的资源使用价值,用资源的市场价格和数量信息来估算消费者剩余和生产者剩余。总的效益或损失是消费者和生产者剩余之和。

②剂量-反应法。剂量-反应法也称作生产率法或生产要素收入法,将产出与生产要素(如土地、劳动力、资本、原材料)的不同投入水平联系起来。该方法的适用条件有:

a.环境变化直接导致销售的某种商品(或服务)的产量增加或减少,同时影响明确且能够观察或根据经验测试。

b.市场功能完好,价格是经济价值的有效指标。

③人力资本和疾病成本法。人力资本和疾病成本法通过环境属性对劳动力数量和质量的影响来评估环境属性的价值,通常用因疾病引起的收入损失或治疗费用表示。

(2)揭示偏好法

①内涵资产定价法。内涵资产定价法又称作享乐价格法,是根据人们为优质环境的享受所支付的价格来推算环境质量价值的一种估价方法,即将享受某种产品由于环境的不同所产生的差价作为环境差别的价值。该方法越来越多地被应用于评价空气质量恶化对财产价值的影响。此方法的出发点是某一财产的价值包含了它所处的环境质量的价值。如果人们为某一地方与其他地方相同的房屋和土地支付更高的价格,且对其他各种可能造成价格差别的非环境因素都加以考虑后,剩余的价格差别可以归结为环境因素。

②避免损害成本法。避免损害成本法指个人为减轻损害或防止环境退化引起的效用损失而需要为市场商品或服务支付的金额,可用于评估净化的空气和水等非市场商品的价值。

③治理成本法。治理成本法是按照现行的治理技术和水平治理排放到环境中的污染物所需要的支出。治理成本法适用于环境污染所致生态环境损害无法通过恢复工程完全恢复、恢复成本远远大于其收益或缺乏生态环境损害恢复评价指标的情形。

(3)陈述偏好法

①条件价值法。条件价值法也称作权变评价法或或然估计法。条件价值法用调查技术直接询问人们的环境偏好。当缺乏真实的市场数据,甚至也无法通过间接观察市场的行为来赋予环境资源价值时,通常采用条件价值评估(CVM)技术。

②选择试验模型法。选择试验模型法基于效用最大化理论,采用问卷的形式,为被调查者提供由资源或环境物品的不同属性状态组合而成的选择集。让被调查者从每个选择集中选出自己最偏好的一种方案,研究者可以根据被调查者的偏好运用经济计量学模型分析出不同属性的价值以及由不同属性状态组合而成的各种方案的相对价值。

(4)效益转移法

效益转移法基于消费者剩余理论,是一种非市场资源价值评价方法。若非市场资源价值受时间、空间和费用等条件限制,可使用此方法。效益转移法的适用条件如下:

①对参照区的要求:要确定参照区的范围和规模,包括区域人口规模、评估中所需要的数据需求(如价值的类型:使用价值、非使用价值或总价值)。

②对评估区和参照区的相关性的要求:评估区的环境资源的质量(数量)及其变化与参照区的资源质量(数量)及其预期变化应相似。

以下情况时,推荐采用环境价值评估方法:

第一,当评估生物资源时,如果选择生物体内污染物浓度或对照区的发病率作为基线水平评价指标,由于在生态环境恢复过程中难以对其进行衡量,推荐采用环境价值评估方法。

第二,由于某些限制原因,生态环境不能通过工程完全恢复,采用环境价值评估方法评估生态环境的永久性损害。

第三,如果生态环境恢复工程的成本大于预期收益,推荐采用环境价值评估方法。

1.2.6　地表水与沉积物损害鉴定评估报告编制

编制地表水与沉积物的生态环境损害鉴定评估报告(意见)书,同时建立完整的鉴定评估工作档案。

1.2.7　地表水与沉积物恢复效果评估

定期跟踪地表水与沉积物环境及水生态系统服务功能的恢复情况,全面评估恢复效果是否达到预期目标;如果未达到预期目标,应进一步采取相应措施,直到达到预期目标。

1.2.7.1　生态环境恢复效果评估的内容

(1)生态环境恢复方案实施后,定期跟踪生态环境及生态系统服务的恢复情况,全面评估生态环境恢复效果,包括是否正确执行生态环境恢复方案,是否达到生态环境恢复总体目标和分项目标,恢复行动实施期间是否造成二次污染,是否需要开展补充性恢复等。如果基本恢复或补偿性恢复未达到预期效果,应进一步量化损害,制定并筛选补充性恢复方案,损害量化内容纳入补充性恢复方案。

（2）生态环境恢复效果评估需制定生态环境调查和监测方案，定期进行调查、监测和分析，包括地表水、沉积物等环境监测，动物、植物、微生物等生物监测，水文、地质等相关参数的监测以及生态系统恢复状况调查。

（3）公开征求公众对恢复行动的意见，调查公众对恢复行动实施效果的满意度。

1.2.7.2　生态环境恢复效果评估的方法

生态环境恢复效果评估的方法包括环境监测、生物监测、生态调查和问卷调查等。

1.3　鉴定评估报告（意见）书编制总体要求

鉴定评估机构应根据委托方要求，编制鉴定评估报告（意见）书。鉴定评估报告（意见）书包括生态环境损害确认、因果关系分析、生态环境损害量化及生态环境损害鉴定评估中涉及的特别事项等，鉴定评估报告（意见）书的格式和内容要求参见《生态环境损害鉴定评估技术指南　总纲和关键环节　第1部分：总纲》（GB/T 39791.1—2020）附录A。用于生态环境损害司法鉴定目的的，报告书格式参见《司法部关于印发司法鉴定文书格式的通知》（司发通〔2016〕112号）。

生态环境恢复效果评估应编制独立的生态环境恢复效果评估报告。

生态环境损害鉴定评估报告（意见）书的编制具体要求如下。

1.3.1　基本情况

写明生态环境损害鉴定评估委托方、委托鉴定评估事项和生态环境损害鉴定评估机构；写明生态环境损害鉴定评估的背景，包括损害发生的时间、地点、起因和经过;简要说明生态环境损害发生地的社会经济背景、环境敏感点、造成潜在生态环境损害的污染源、污染物等基本情况。

1.3.2　鉴定评估方案

(1)鉴定评估目标:依据委托方委托鉴定评估事项,详细写明开展生态环境损害鉴定评估的工作目标。

(2)鉴定评估依据:写明开展本次生态环境损害鉴定评估所依据的法律法规、标准和技术规范等。

(3)鉴定评估范围:写明开展本次鉴定评估工作确定的生态环境损害的时间范围和空间范围,以及确定时空范围的依据。

(4)鉴定评估内容:写明本次鉴定评估工作的主要内容,包括生态环境损害鉴定评估的对象和生态环境损害鉴定评估内容(生态环境损害确定、因果关系分析和损害数额量化等)。

(5)鉴定评估方法:详细阐明开展本次生态环境损害鉴定评估工作的技术路线及每一项鉴定评估工作所使用的技术方法。

1.3.3　鉴定评估过程与分析

1.3.3.1　生态环境损害调查确定

详细介绍污染环境或破坏生态行为调查和生态环境损害调查方案,包括资料收集、现场踏勘、座谈走访、采样方案、检测分析、质量控制等过程,写明调查结果,包括是否存在污染环境或破坏生态行为以及行为方式,是否存在生态环境损害及损害类型等。

1.3.3.2 因果关系分析

详细阐明本次生态环境损害鉴定评估中鉴定污染环境或破坏生态行为与生态环境损害间因果关系所依据的标准或条件,以及分析因果关系所采用的技术方法。详细介绍因果关系分析过程中所依据的证明材料,现场踏勘、监测分析、实验模拟、数值模拟的过程和结果。写明因果关系分析的结论。

1.3.3.3 生态环境损害实物量化

详细阐明本次生态环境损害鉴定评估中生态环境损害实物量化所依据的标准和条件,以及量化生态环境损害所采用的技术方法。给出生态环境损害实物量化的结果,即生态环境损害的类型、时空范围及损害程度。

1.3.3.4 生态环境损害恢复方案筛选

开展生态环境损害恢复可行性评估,写明确定备选生态环境恢复方案的原则、依据与思路,介绍各方案的有效性、合法性、技术可行性、实施成本、公众可接受性、环境安全性和可持续性,开展备选恢复方案比选,确定最终的生态环境恢复方案。

1.3.3.5 生态环境损害价值量化

详细阐明本次生态环境损害鉴定评估中生态环境损害价值量化所依据的标准、规范,所采用的评估方法以及相应的证明材料。明确界定生态环境损害价值量化的范围,包括需要价值量化的生态环境损害以及每种类型损害量化的方法、计算依据和结果。应分析生态环境损害价值量化结果的不确定性。

采用恢复费用法量化生态环境损害价值时,应详细阐述恢复方案的工作量、持续时间、实施成本,提供数据来源与依据。对于实际已经发生的污染清除费用,应详细阐述数据的来源,对各项费用的完整性、规范性、逻辑合理性进行审核,提供纳入实际治理费用计算的原始费用单据。采用虚拟治理成本法量化生态环境损害时,应详细阐述污染物排放量、单位治理成本的确定依据以及适用虚拟治理成本法的原因。

1.3.4　鉴定评估结论

针对生态环境损害鉴定评估委托事项,写明每一项生态环境损害的鉴定评估结论,包括生态环境损害确定结论、因果关系分析结论和生态环境损害量化结论。

1.3.5　签字盖章

生态环境损害鉴定评估报告书应当由鉴定人签名,并加盖鉴定评估机构公章。

1.3.6　特别事项说明

阐明报告的真实性、合法性、科学性。明确报告的所有权、使用目的和使用范围。阐明报告编制过程及结果中可能存在的不确定性。

1.3.7　附件

附件包括生态环境损害鉴定评估工作过程中依据的各种证明材料、现场调查监测方案、现场调查监测报告、实验方案与分析报告等。

第2章 生态环境损害调查评估重点

2.1 调查原则

2.1.1 规范性原则

采用程序化和系统化的方式规范调查行为,由专业人员运用国家规定的、公认的技术方法进行现场调查、监测,保证调查过程的科学性和客观性。在调查过程中,数据和资料的搜集、样品的采集与运输、样品的分析检测应当按照有关技术规范开展。

2.1.2 中立性原则

调查活动不受任何部门和个人因素的干扰。参与调查工作的人员应当保持中立,不受鉴定评估委托方以及其他方面的干扰。

2.1.3 全面性原则

调查应力求严谨周密,不以偏概全,确保调查数据和结论能够客观反映环境污染或生态破坏损害情况。

2.1.4 及时性原则

在环境污染或生态破坏发生后尽早介入,尽早开展工作,及时制定调查方案和监测计划,取得有关资料,进行环境监测,获得鉴定评估所需的数据资料。

2.2 工作内容与工作程序

2.2.1 工作内容

生态环境损害调查包括生态环境基线调查、污染源调查、环境质量调查、生物调查、生态系统服务调查、生态环境恢复措施与费用调查、生态环境恢复效果评估调查。

2.2.2 工作程序

生态环境损害调查分为初步调查和系统调查两个阶段,初步调查主要开展资料搜集、现场踏勘和人员访谈,对生态环境损害范围和程度进行初步的判断和分析。初步调查阶段的环境监测以现场快速检测为主,根据需要开展实验室检测。系统调查在初步调查的基础上,对生态环境损害开展针对性调查,为损害确认和损害量化提供支撑。

初步调查和系统调查阶段应分别制定调查工作方案,方案包括调查对象、调查内容、调查方法、调查方式和质量控制等内容。

调查人员应根据生态环境损害具体情况和生态环境损害评估需求,选择搜集相关信息,并制作生态环境损害鉴定评估资料清单,参见《生态环境损害

鉴定评估技术指南　总纲和关键环节　第2部分:损害调查》(GB/T 39791.2—2020)附录B。

调查工作结束后编写生态环境损害鉴定评估调查报告,编制要求参见《生态环境损害鉴定评估技术指南　总纲和关键环节　第2部分:损害调查》(GB/T 39791.2—2020)附录A。调查的工作程序见图2-1。

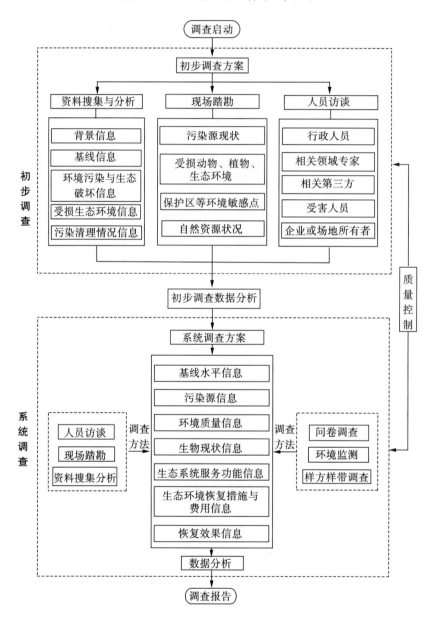

图2-1　调查工作程序图

2.2.3　初步调查

初步调查主要开展资料搜集、现场踏勘和人员访谈。初步调查阶段的环境监测以现场快速检测为主,并进行必要的实验室检测。

2.2.3.1　资料搜集与分析

调查人员应根据生态环境损害具体情况和生态环境损害评估需求,选择搜集相关信息,并制作生态环境损害鉴定评估资料清单,参见《生态环境损害鉴定评估技术指南　总纲和关键环节　第 2 部分:损害调查》(GB/T 39791.2—2020)附录 B。

(1)背景信息调查搜集

背景信息调查搜集的主要内容包括:

①调查区域的气候气象、地形地貌、水文地质等自然条件。

②调查区域及其周边地区的大气、地表水、沉积物、土壤、地下水、海水、海洋沉积物的历史和应急监测数据。

③调查区域内人口、交通、基础设施、经济、土地利用现状,居民区、饮用水水源地等敏感点信息以及能源和水资源供给、消耗等信息。

④调查区域内主要产业构成的历史、现状和发展情况。

⑤调查区域内主要生物、矿产、能源等自然资源状况、开发利用方式和强度、调查监测结果等信息,以及主要厂矿和建筑物的分布情况。

(2)基线信息调查搜集

基线信息调查搜集的主要内容包括:

①针对调查区域的专项调查、学术研究以及其他自然地理、生态环境状况等相关历史数据。

②针对与调查区域地理位置、气候条件、地形地貌、土地利用类型等类似

的未受影响的对照区域,搜集区域的生态环境状况等数据。

③污染物的环境标准和环境基准。

④专项研究。

(3)环境污染和生态破坏信息调查搜集

环境污染和生态破坏信息调查搜集的主要内容包括:

①污染源的数量、位置和周边情况等信息。

②污染排放时间、排放方式、排放去向和排放频率等信息。

③污染源排放的特征污染物种类、排放量和排放浓度等信息。

④污染源排放的污染物进入外环境生成的次生污染物种类、数量和浓度等信息。

⑤林地、耕地、草地、湿地等生态系统自然状态以及野生动植物受到破坏或伤害的时间、方式和过程等信息。

基本情况调查主要包括:

①污染环境或破坏生态行为调查。对于一般水环境污染事件,了解水域及周边区域排污单位、纳污沟渠及农业面源等污染分布情况,分析或查明污染来源;对于突发水环境污染事件,还应查明事件发生的时间、地点,可能产生污染物的类型和性质、排放量(体积、质量),污染物浓度等资料和情况。

对于水生态破坏事件,查明破坏生态行为发生的地点、位置、时间、频次等情况。

②污染源调查。涉及排污单位的,应调查其生产及污染处理工艺,包括主要产品、设计产量及实际产量,所使用的主要材料的来源、使用量、运输及储存方式,主要产污节点及特征污染物,污染处理的工艺,污染处理设施的运行状况等;还应调取排污单位环境影响评价、清洁生产、环境管理体系认证资料等相关技术和审批文件,历史相关监测数据等资料。

对于排放污水的,应调查污水排放来源,点源应该标明监测点位名称、排放口的属性(总外排口、车间排口)、平面位置、排放方向、排放流量,非点源应该标明排放方式、去向(有组织汇集、无组织漫流等);调查外排废水中的主要污染物、排放规律(稳定连续排放、周期性连续排放、无规律连续排放、有规律间断排放、无规律间断排放等)、排水去向、排放量、污水处理工艺及处理设施运行情况;调查《污水综合排放标准》(GB 8978—1996)规定的第一类污染物是否在车间有处理设施或专门另设了污染物处理设施等。

对于产生固体废弃物的,应调查固体废弃物种类、形态、数量、特性、所含主要污染物,固体废弃物是否属于危险废弃物,固体废弃物产生时间、产生形式、贮存及处置方式(露天堆存、专用危险废物库内堆存、渣棚内堆存),固体废弃物去向,尾矿库情况,防扬散、防雨、防洪、防渗漏、防流失等污染防治措施。

③环境污染或生态破坏基本情况调查。掌握受污染或破坏水生态系统的自然环境(包括水文、水文地质、水环境质量)、水生生物和服务功能受损害的时间、方式、过程和影响范围等信息。

对于水环境污染事件,了解污染物排放方式、排放时间、排放频率、排放去向,特征污染物类别、浓度;污染源排放的污染物进入地表水和沉积物环境生成的次生污染物种类、数量和浓度等信息。

④事件应对基本情况调查。了解污染物清理、防止污染扩散等控制措施,地表水与沉积物环境治理修复以及水生态系统恢复实施的相关资料和情况,包括实施过程、实施效果、费用等相关信息。掌握环境质量与水生生物监测工作开展情况及监测数据。

(4)自然环境与水功能信息收集

调查收集影响水域以及水域所在区域的自然环境信息,具体包括:

①水域历史、现状和规划功能资料。

②水域地形地貌、水文以及所在区域气候气象资料。

③水域及其所在区域的地质和水文地质资料。

④地表水与沉积物历史监测资料。

⑤影响水域内饮用水源地、生态保护红线、自然保护区、湿地、风景名胜区及所在区域内养殖区、基本农田、居民区等环境敏感区分布信息,以及浮游生物、底栖动物、大型水生植物、鱼类、水禽、哺乳动物及河岸植被等主要生物资源的分布状况。

(5)社会经济信息收集

收集影响水域所在区域的社会经济信息,具体包括经济和主要产业的现状和发展状况,地方法规、政策与标准等相关信息,人口、交通、基础设施、能源和水资源供给等相关信息。

(6)工作方案制定

根据所掌握的监测数据、损害情况以及自然环境和社会经济信息,初步判断地表水与沉积物环境及水生态系统服务功能可能的受损范围与类型,必要时利用实际监测数据进行污染物与水生生物损害空间分布模拟。

根据事件的基本情况和鉴定评估需求,明确要开展的损害鉴定评估工作内容,设计工作程序,通过调研、专项研究、专家咨询等方式,确定鉴定评估工作的具体方法,编制工作方案。

(7)受损生态环境质量信息调查搜集

受损生态环境质量信息调查搜集的主要内容包括:

①关于受损生态环境的文字与音像材料以及遥感影像、航拍图片等影像资料。

②受到影响的大气、地表水、沉积物、土壤、地下水、海洋海水等环境介质的质量变化。

③受到影响的植被、动物等生物的类型、结构和数量变化等情况。

④调查区域的历史环境污染、生态破坏的相关资料。

(8)污染清理情况信息调查搜集

污染清理情况信息调查搜集的主要内容包括:

①污染清理的组织、工作过程、清理效果与二次污染物的产生情况等资料信息。

②污染清理的现场照片和录像等音像资料。

③污染物清理转运、物资投入和工程设施等信息。

④污染清理过程委托合同、票据等污染清理处置费用证明材料以及相关主管部门的监管证明材料等。

⑤其他与污染清理处置相关的材料。

（9）资料分析

根据专业知识和经验识别资料中的错误和不合理信息，对于不完整、不确定信息应在报告中说明。

2.2.3.2　现场踏勘

根据生态环境损害具体情况和生态环境损害评估需求，开展现场踏勘，并填写现场踏勘记录表，参见《生态环境损害鉴定评估技术指南　总纲和关键环节　第 2 部分：损害调查》（GB/T 39791.2—2020）附录 C 表 C.1。

（1）现场踏勘范围

对污染环境行为造成的生态环境损害，以污染源、污染物的迁移途径、受损生态环境所在区域为主要踏勘范围；对破坏生态行为造成的生态环境损害，以受损或退化的生物所在区域和生态系统为主要踏勘范围。

（2）现场踏勘的内容和方法

现场踏勘的工作内容可包括：

①污染源。污染源即造成污染的各种来源，如化学品的生产、使用、贮存情况，污染物非法倾倒、事故排放、临时堆放泄漏情况，以及安全和交通事故、自然原因造成的污染物泄漏等状况。

②迁移途径。污染物迁移途径指污染物在环境界面的物质交换过程及长距离迁移过程，如污染物在土壤-大气、土壤-地表水、土壤-地下水、地表水-沉积物等界面的物质交换过程，以及污染物在大气、地表水、地下水等介质中迁移、扩散、转化及长距离运输的过程。

③受损环境情况。应调查由污染造成的大气、地表水、沉积物、土壤和地下水环境影响范围、影响程度和潜在影响区域。

④区域状况及环境敏感点。区域土地利用类型以及可能影响污染物迁移扩散的构筑物、沟渠、河道、地下管网和渗坑等要素，区域水文地质、地形地

貌等自然状况,居民区、饮用水水源地、自然保护区、风景名胜区、世界文化和自然遗产地等周边区域环境敏感点。

⑤生物的动态变化情况。观察调查区域内植物群落的类型、群落的层次结构,动物种群的结构特征、行为特征和栖息地的情况,着重识别调查区域的指示物种,以及指示物种的生物学、生态学和生境特征及其变化情况。

⑥生态系统。对于森林生态系统,分层(乔木层、灌木层和草本层)进行踏勘观测;对于湿地生态系统,主要关注湿地的类型,其所在的水系和区域流域的水文情况,地表和地下水水位的时空分布以及动态变化,湿地植被、水生生物、鸟类等湿地生物物种组成、分布与数量变化情况;对于草地生态系统,主要关注草地群落组成和草地退化情况;对于荒漠生态系统,主要关注主导风向、风速以及地下水系的情况;对于农田生态系统,着重调查传粉昆虫种群动态、农作物的产量和轮作情况,病虫害的类型、爆发时间和防治措施等情况;对于海洋与海岸带生态系统,主要关注海洋水文动力变化情况,海岸线占用情况,海洋生物物种组成、分布与数量变化情况;对于陆地生态系统,还需要关注土壤破坏状况,重点调查土壤损害量、土壤压实度、含水率、有机质含量、养分元素含量(氮、磷、钾等)等理化性质指标。

⑦现场踏勘过程中对调查区域的大气、地表水、沉积物、土壤、地下水、海洋海水和生物等样品的检测以现场快速检测为主,同时可以根据相关规范保存部分样品,以备复查。

⑧现场踏勘过程中,应以视频方式对关键环节进行记录。视频录制应配有语言描述,说明项目名称、调查人员、位置、时间、调查目的、拍摄和移动方向、天气、地貌、环境污染或生态破坏情况等。

(3)安全防护准备

在现场踏勘前,根据现场的具体情况采取相应的防护措施,装备必要的防护用品。

2.2.3.3 人员访谈

调查人员可采取面谈、电话交流、电子或书面调查表等方式,对现场状况或历史的知情人,包括当地政府与相关行政主管部门的人员、相关领域专家、企业或场地所有者、熟悉现场的第三方、实际或潜在受害人员进行访谈,补充相关信息,考证已有资料。调查人员应填写人员访谈记录表,参见《生态环境损害鉴定评估技术指南   总纲和关键环节   第 2 部分:损害调查》(GB/T 39791.2—2020)。

2.2.3.4   初步调查总结

应该初步明确污染源的位置、类型、污染物排放量和排放浓度,生物和生态系统损害的表现和强度,初步确定生态环境损害的类型、范围和程度,并对系统调查提出建议。

2.2.4   系统调查

2.2.4.1   调查内容

(1)基线水平信息

基线水平信息包括调查区域和补偿性恢复备选区域的环境介质、生物、生态服务功能等表征指标的基线水平。

(2)污染源信息

污染源信息包括造成调查区域生态环境损害的所有污染源数量、位置,污染排放情况,特征污染物种类、排放量、排放浓度和填埋情况等信息。

(3)环境质量信息

环境质量信息包括调查区域和补偿性恢复备选区域的大气、地表水、沉积物、土壤、地下水、海洋海水等环境介质的质量现状、污染分布情况、污染物浓度水平等信息。

(4)生物信息

生物信息包括调查区域和补偿性恢复备选区域的植物群落建群种、分布面积、密度、冠幅、郁闭度、生物量、是否有保护物种分布和保护物种的级别、植物群落的受损程度,以及主要动物物种密度、出生率、死亡率、繁殖率、生境、是否有保护物种分布和保护物种的级别、动物的受损程度等情况。

（5）生态服务功能信息

生态服务功能信息包括生态服务功能类型和受损程度。受损程度通常用生态系统面积、生物量或初级生产力来表征，必要情况下，也可以用固碳量、释氧量、水源涵养量等生态服务实物量来表征。

（6）生态环境恢复措施与费用信息

生态环境恢复措施与费用信息包括为恢复生态环境功能及其服务水平所采取的基本恢复、补偿性恢复和补充性恢复等措施及相关费用，以及为采取行动发生的监测、调查和维护费用。

（7）生态环境恢复效果信息

生态环境恢复效果信息包括实施恢复的环境介质、生物、生态系统的恢复情况，恢复行动实施期间的二次污染情况，公众满意度情况等用于评价生态环境恢复措施是否达到预期目标、是否需要开展补充性恢复的信息。

2.2.4.2 调查方法

系统调查阶段的调查方法主要包括资料搜集与分析、现场踏勘、人员访谈、环境监测、问卷调查、样带样方调查。

系统调查阶段的资料搜集与分析是在初步调查阶段的基础上，根据评估需求，进行针对性的信息搜集、核实和补充，并对生态环境损害鉴定评估资料清单进行补充。现场踏勘要求见 2.2.3.2 现场踏勘，人员访谈要求见2.2.3.3人员访谈，其他调查要求见《生态环境损害鉴定评估技术指南　总纲和关键环节　第2部分：损害调查》（GB/T 39791.2—2020)7.3 节，样带样方调查要求参见《生态环境损害鉴定评估技术指南　总纲和关键环节　第2部分：损害调查》（GB/T 39791.2—2020)附录 D。

2.2.4.3　调查要求

（1）基线水平调查

①通过查阅相关历史档案或文献资料，获得调查区域环境质量、生物种类和数量、生态服务功能等表征指标的基线水平。

②选取对照区域，开展环境质量、生物数量、生态服务功能等的相关调查和监测工作。

③可参考适用的国家或地方环境质量标准或环境基准确定基线。

④必要时开展基线水平的专项研究。

（2）污染源调查

污染源调查可按照《固定污染源监测质量保证与质量控制技术规范（试行）》（HJ/T 373—2007）执行。

（3）环境质量调查

①环境质量调查主要通过环境监测手段，开展现场采样、分析检测、质量控制和判断评价等工作。应针对污染类型、污染物性质和生态环境损害评估的需求制定环境质量调查工作方案。

②环境质量调查中，应合理选择有代表性的检测项目，包括由污染源直接排入环境的一次污染物、一次污染物进入环境转化生成的二次污染物、在污染清理过程中引入的污染物、能影响上述特征污染物环境行为的理化指标、可能对特征污染物检测结果产生干扰的理化指标等项目。

③对于大气、地表水、土壤、地下水、固体废物、海洋等环境监测方案和标准规范，优先选择国家标准或国家环境保护标准；无该类标准的，可参照执行行业或地方标准；国内无标准的，可参照国外相关适用性标准或专家认可的技术方法。常用的监测技术导则和规范参见《生态环境损害鉴定评估技术指南　总纲和关键环节　第 2 部分：损害调查》（GB/T 39791.2—2020）附录 C 表 C.3。

④突发环境事件的调查和监测按照《突发环境事件应急监测技术规范》

（HJ 589—2021）执行。

⑤对于矿区等特大生态环境损害区域调查、地下溶洞等复杂条件生态环境损害调查等无相关技术导则的情况，调查人员应根据专业知识和经验，结合调查区域特点设计采样监测方案。

⑥调查人员应填写现场采样记录表，参见《生态环境损害鉴定评估技术指南　总纲和关键环节　第2部分：损害调查》（GB/T 39791.2—2020）附录C表C.4～表C.9。

（4）生物调查

生物调查包括生物多样性和生物毒性的调查，针对不同调查内容的常用相关技术导则参见《生态环境损害鉴定评估技术指南　总纲和关键环节　第2部分：损害调查》（GB/T 39791.2—2020）附录C表C.10，调查人员应填写生物现场调查表，参见《生态环境损害鉴定评估技术指南　总纲和关键环节　第2部分：损害调查》（GB/T 39791.2—2020）附录C表C.11～表C.12。

（5）生态服务功能调查

根据生态系统类型确定调查项目，具体方法参见2.2.4.3调查要求第（3）条环境质量调查的要求执行；对于无技术规范的情况，调查人员应根据专业知识和经验进行信息的搜集。调查人员应填写生态服务功能调查表，参见《生态环境损害鉴定评估技术指南　总纲和关键环节　第2部分：损害调查》（GB/T 39791.2—2020）附录C表C.13。

（6）生态环境恢复措施与费用调查

①生态环境恢复方案筛选调查，应调查搜集备选方案的实施费用、监测维护费用、恢复时间、经济社会效益、技术可行性、是否造成二次污染等信息。

②对于污染清理和恢复措施已经完成或正在进行的，搜集实际发生的费用信息，并对实际发生费用的合理性进行判断核实。

③对于恢复措施尚未开展的，应按照国家工程投资估算的规定搜集备选恢复方案的相关费用信息，必要时应开展专项研究。

④对于无法恢复而采用环境价值评估方法评估生态环境损害的,应根据具体的环境价值评估方法的需求搜集相关资料和信息,必要时应开展专项研究。

⑤调查人员应填写污染清理与处置等费用调查表和生态环境恢复方案比选表,分别参见《生态环境损害鉴定评估技术指南　总纲和关键环节　第 2 部分:损害调查》(GB/T 39791.2—2020)附录 C 表 C.14 和表 C.15。

(7)生态环境恢复效果调查

①开展现场踏勘,制定生态环境恢复效果调查工作方案。

②对于已完成的生态环境恢复措施,应主要搜集实际实施的恢复方案、方案目标和二次污染情况等信息。

③对于实施恢复的环境介质、生物、生态系统的信息调查分别参照2.2.4.3调查要求第(2)条污染源调查、第(3)条环境质量调查、第(4)条生物调查的要求执行。

④对于需要开展补充性恢复的情况,应搜集补充性修复方案的实施费用、监测维护费用、恢复时间、经济社会效益、技术可行性、是否造成二次污染等信息。

⑤针对生态环境恢复措施和目标公众特点,设计恢复效果公众满意度调查表,开展公众满意度调查。

⑥参照生态环境损害鉴定评估调查报告的编制要求,参见《生态环境损害鉴定评估技术指南　总纲和关键环节　第 2 部分:损害调查》(GB/T 39791.2—2020)附录 A,编写生态环境恢复效果调查报告。

2.2.5　质量控制

调查人员应对调查所获得的数据信息进行审核。

2.2.5.1　调查数据采集质量控制

(1)审核搜集的各类资料信息、现场踏勘照片、人员访谈记录、环境监测数据、调查问卷,初步评判资料收集情况是否足以支撑生态环境损害评估工作,并检查生态环境损害鉴定评估资料清单的填写情况,参见《生态环境损害鉴定评估技术指南 总纲和关键环节 第2部分:损害调查》(GB/T 39791.2—2020)附录B。

(2)审核环境监测过程中的采样位置、采样数量、平行样点、采样深度等是否与已经制定的调查采样方案一致,且符合相关技术规定的要求;如存在调整,检查调整原因和依据是否合理,且经过调查单位负责人的认可。

(3)审核生物调查和生态服务功能调查过程中调查范围、调查指标、点位数量等是否与已经制定的调查方案一致,且符合相关技术规定的要求;检查生态服务功能调查指标是否满足计算需求,是否足以支撑服务功能量化,确保计算结果准确反应当地情况。

(4)审核现场踏勘音视频资料、人员访谈信息数据的获取和提交是否符合工作程序和相关规定。

(5)对于搜集获得的资料,随机抽取5%~10%进行资料复核;对于人员访谈获得的资料信息,随机抽取5%~10%进行回访复核。

2.2.5.2 分析测试及实验室质量控制

(1)检查样品质量和数量、样品标签、容器材质、保存条件、保存剂添加、采集过程现场照片等是否满足相关技术规范。

(2)在样品交接过程中,应对接收样品的质量状况进行检查。检查内容主要包括:样品运送单是否填写完整,样品标识、质量、数量、包装容器、保存温度、应送达时限等是否满足相关规定。

(3)样品的检测是否严格遵照相关技术规定。

2.2.6 信息汇总分析

调查人员应对损害调查阶段获得的信息进行分析,确定调查区域特征污染物类型、浓度水平和空间分布情况,明确生态环境损害的情况,整理调查信息和分析检测结果,评估分析数据的质量和有效性,对是否需要补充调查进行判断。调查人员应填写生态环境损害调查信息汇总表,参见《生态环境损害鉴定评估技术指南　总纲和关键环节　第 2 部分:损害调查》(GB/T 39791.2—2020)附录 C 表 C.16,并完成生态环境损害调查报告。

2.2.7　地表水与沉积物损害调查确认

按照评估工作方案的要求,参照《地表水和污水监测技术规范》(HJ/T 91—2002)、《水质　样品的保存和管理技术规定》(HJ 493—2009)、《水质　采样技术指导》(HJ 494—2009)、《水质　采样方案设计技术规定》(HJ 495—2009)、《突发环境事件应急监测技术规范》(HJ 589—2021)等相关规范性文件,针对事件特征开展地表水与沉积物布点采样分析,确定地表水与沉积物环境状况,并对水生态系统服务功能、水生生物种类与数量开展调查;必要时收集水文和水文地质资料,掌握流量、流速、河道湖泊地形及地貌、沉积物厚度、地表水与地下水连通循环等关键信息。同时,通过历史数据查询、对照区调查、标准比选等方式,确定地表水与沉积物环境及水生态系统服务功能的基线水平,通过对比确认地表水与沉积物环境及水生态系统服务功能是否受到损害。

2.2.7.1　确定调查对象与范围

(1)水生态系统服务功能调查

获取调查区水资源使用历史、现状和规划信息,查明地表水生态环境损害发生前、损害期间、恢复期间评估区的主导生态功能与服务类型,如珍稀水生生物栖息地、鱼虾类产卵场、仔稚幼鱼索饵场、鱼虾类越冬场和洄游通道、种质资源保护区、航道运输、岸带稳定性等支持服务功能,洪水调蓄、侵蚀控制、净化水质等调节服务功能,集中式饮用水源用水、水产养殖用水、农业灌溉用水、工业生产用水、渔业捕捞等供给服务功能,人体非直接接触景观功能用水、一般景观用水、游泳等休闲娱乐等文化服务功能。

(2)不同类型事件的调查重点

根据事件概况、受影响水域及其周边环境的相关信息,确定调查对象与范围。

对于突发水环境污染事件,主要通过现场调查、应急监测、模型模拟等方法,重点调查研判污染源、污染物性质,可能涉及的环境介质,受水文和水文地质环境以及事件应急处置影响污染物可能的扩散分布范围和二次污染物、污染物在水体中的迁移转化行为,水生态服务功能和水生生物受损程度和时空范围。因未能及时开展应急监测,未能获取地表水中污染物浓度的情形,可采用模型进行模拟预测,并利用实际监测数据进行模型校验。

对于累积水环境污染事件,主要通过实际环境监测和生物观测等方法,重点调查污染源、污染物性质,可能涉及的环境介质,污染物的扩散分布范围,污染物在水体、沉积物、生物体中的迁移转化行为及其可能产生的二次污染物,水生态服务功能和水生生物受损程度和时空范围。

对于水生态破坏事件,主要通过实际调查、生物观测、模型模拟等方法,重点调查水生态服务功能和水生生物受损程度和时空范围、水生态破坏行为可能造成的二次污染及其对水环境与水生态服务功能和水生生物的影响。

2.2.7.2 确定调查指标

根据地表水生态环境事件的类型与特点,选择相关指标进行调查、监测与评估,各类型地表水生态环境事件主要调查指标见表2-1。

表 2-1　不同类型地表水生态环境事件调查推荐指标

事件类型	环境质量		水生态服务功能																
	污染物浓度		产品供给				支持服务						调节服务					文化服务	
			水产品生产			水资源供给	生物多样性维护					地形地貌	航运支持	洪水调蓄	水质净化	气候调节	土壤保持	休闲娱乐	景观科研
	地表水	沉积物	生物体污染物残留浓度	种类	数量	水量	生物体污染物残留浓度	种类	污染致畸致死数量	破坏数量	栖息地面积	破坏量	运量	调蓄量	净化量	蒸散量	保持量	休闲娱乐	景观科研
突发水环境污染事件	++	+	+	+	+	++	+	+	+	+	+							+	+
累积水环境污染事件	++	++	++	++	++	+	++	++	++	+	++		+					+	+
生态破坏事件　非法捕捞	+			++	++			++		++									
生态破坏事件　非法采砂	+	+		+	+			+		+	+	++						+	
生态破坏事件　侵占围垦	+	+		+	+	++		+		+	++	+		+		+		+	+
生态破坏事件　违规工程建设	+	+		+	+	+		++		++	++	+	+	+		+	+	+	+
生态破坏事件　物种入侵		+		+	+			++		++	++	+		++		+	+	++	++
生态破坏事件　圈占				++	++			++		++	++								
生态破坏事件　养殖	++	+						+		+	+							+	

注："+"表示建议调查；"++"表示建议重点调查。

（1）特征污染物的筛选

对于污染源明确的情况,参考行业排放标准,通过现场踏勘、资料收集和人员访谈,根据排污企业的生产工艺、使用原料助剂,以及物质在地表水和沉积物迁移转化中发生物理、化学变化或者与生物相互作用可能产生的二次污染物,综合分析识别特征污染物。

对于污染源不明的情况,通过对采集样品的定性和定量化学分析,识别特征污染物。

特征污染物的筛选应优先选择我国相关水环境质量标准和污水排放标准、优先控制化学品名录以及有毒有害水污染物名录中规定的物质,结合区域水功能特征和化学物质的理化性质、易腐蚀性、环境持久性、生物累积性、急慢性毒性和致癌性等特点,筛选识别特征污染物。必要时结合相关实验测试,评估其危害,确定是否作为特征污染物。化学物质的危害性分类方法参考《基于 GHS 的化学品标签规范》（GB/T 22234—2008）和《化学品分类和危险性公示　通则》（GB 13690—2009）。所依据的化学物质的毒性数据质量需符合《淡水生物水质基准推导技术指南》（HJ 831—2022）相关筛选原则。

水环境污染事件涉及的常见特征污染物主要包括:

①无机污染物:重金属、酸、碱、氰化物、氟化物等。

②有机污染物:油类、脂肪烃、卤代烃类、多环芳烃类、苯系物、有机酸、醇类、醛类、酮类、酚类、酯类等。

③富营养化特征指标:总磷、总氮等营养物指标,叶绿素 a、透明度、藻类生物量等生物学指标,微囊藻毒素和致嗅物质等藻华产生的有毒物质。

影响污染物对地表水和沉积物环境及水生生物潜在损害的指标主要包括:

①水文指标:温度、流速、水深及其他与流动变化有关的水文指标。

②水质指标:pH、硬度、电导率、溶解氧、浊度、化学需氧量（COD）、氧化还原电位等。

③沉积物理化性质指标:粒度、有机碳、硫化物等。

(2)水文与水文地质指标的确定

对于河流类水体,选择事件发生的河流流域水系、流域边界、河流断面形状、河流断面收缩系数、河流断面扩散系数、河床糙率、降雨量、蒸发量、河川径流量、河底比降、河流弯曲率、流速、流量、水位、水温、泥沙含量、本底水质、地表水与地下水补给关系、河床沉积结构等指标。

对于湖库类水体,重点关注湖泊形状、水温、水深、盐度、湖底地形、出入湖(库)流量、湖流的流向和流速、环流的流向和流速、稳定时间、湖(库)所在流域气象数据(如风场、气温、蒸发、降雨、湿度、太阳辐射)、地表水与地下水补给关系、湖库底层及侧壁地层岩性和导水裂隙分布等指标。

(3)水生生物指标的确定

根据地表水生态环境事件类型和影响水域实际情况,选择代表性强、操作性好的水生生物指标开展监测。

重金属、有毒有机物、石油类等污染物导致的水环境污染事件的水生生物调查指标包括生物种类、数量或生物量、形态和水生生物组织中特征污染物的残留浓度。酸、碱、氮、磷等污染物和有机质、溶解氧、电导率、温度等指标变化导致的水环境污染事件的水生生物调查指标包括生物种类、数量、生物量。

浮游生物调查指标包括种类组成、生物量,底栖动物调查指标包括种类组成、数量和生物量,鱼类及其他大型水生生物调查指标包括种类组成、数量和生物量等,水禽调查指标包括种类组成和数量。重点关注国家重点保护野生水生动物和鸟类相关物种。

(4)水生态系统服务功能指标的确定

对于导致水生态支持服务功能改变的情况,调查监测指标主要包括生物种类、数量和生物量、栖息地面积、航运量、水文地貌参数,重点关注保护物种、濒危物种;对于导致水生态供给服务功能改变的情况,调查指标主要包括水资源量、水产品产量和种类；对于导致水生态调节服务功能改变的情况，调查评估指标主要包括洪水调蓄量、降温量、蒸散量、水质净化量、土壤保持量；对于导致水生态文化服务功能改变的情况，调查评估指标主要包括休闲娱乐人次和水平、旅游人次和服务水平。

2.2.7.3　水文地貌调查

（1）调查目的

水文地貌调查的目的在于了解调查区地表水的流速、流量、岸带与水下地形地貌、流域范围、水深、水温、气象要素、地层沉积结构、与周边水体水力联系及其他水动力参数等信息，获取污染物在环境介质中的扩散条件，判断事件可能的影响范围，掌握污染物在地表水和沉积物中的迁移情况以及采砂等活动对水文水力特性及地形地貌的改变情况，为地表水和沉积物损害状况调查分析提供技术参数，为水生态服务功能受损情况的量化提供依据。

（2）调查原则与方法

①充分利用现有资料。根据现有资料对调查区水文信息进行初步提取，重点关注已有水文站、监测站建档资料，以初步识别污染物在地表水和沉积物中迁移及损害行为造成地表水和沉积物介质特性改变所需的水文参数。现有资料不足时，开展进一步调查。

②开展评估区水文参数调查。以评估水域为重点调查区，获得评估水域水文资料，根据区域资料初步分析判断上述资料的可用性，对于区域资料不能满足评估精度要求的，开展相应的水文测验、水力学试验、水文地质试验等工作来获取相关参数。

2.2.7.4　布点采样

（1）布点采样要求

以掌握地表水生态环境损害发生流域（水系）状况、反映发生区域的污染状况或生态影响的程度和范围为目的,根据水系流向、流量、流速等水文特征、地形特征和污染物性质等,结合相关规范和指南的要求,合理设置监测断面或采样点位。依据水生态服务功能和事件发生地的实际情况,以最少的监测断面(点)和采样频次获取足够有代表性的信息,同时考虑采样的可行性。对于感潮水域,应根据事件实际情况选择涨平潮、退平潮等不同时段开展监测。

对于突发水环境污染事件,根据实际情况和《突发环境事件应急监测技术规范》(HJ 589—2021)的要求进行地表水和沉积物布点采样。初步调查和系统调查可以同步开展,系统调查采样应不晚于初步调查24 h开展。事件刚发生时,采样频次可适当增加,待摸清污染物变化规律后,可以减少采样频次。

对于累积水环境污染事件,根据流向和污染实际情况和《地表水和污水监测技术规范》(HJ/T 91—2002)的要求进行地表水和沉积物布点采样;应在地表水体和沉积物污染区域布设监测断面或采样点位,并在死水区、回水区、排污口处等疑似污染较重区域布点;对河流的监测断面布点应在损害发生区域及其下游加密布点采样,对湖(库)的监测垂线布设以损害发生地点为中心,按水流波动方向以一定的间隔扇形或圆形布点采样。

对于水生态破坏事件,根据实际情况和相关技术导则进行水体、沉积物和水生生物布点采样。

采样时应准确记录采样点的空间位置信息。采样结束前,应核对采样方案、记录和样品,如有错误和遗漏,应立即补采或重采。

(2)调查采样准备

开展水生态环境事件现场调查,应准备的材料和设备主要包括:记录设备,如录音笔、照相机、摄像机和文具等;定位设备,如卷尺、卫星定位仪、经纬仪和水准仪等;采样设备,如现场便携式检测设备,调查信息记录装备,地表水、沉积物、生物等取样设备,样品保存装置;安全防护用品,如工作服、工作鞋、安全帽、药品箱等。

采样前,应采用卷尺、卫星定位仪、经纬仪和水准仪等工具在现场确定采样点的具体位置和地面标高,并在图中标出。

(3)初步调查采样

初步调查采样的目的是通过现场定点监测和动态监测,进行定性、半定量及定量分析,初步判断污染物类型和浓度、污染范围、水生态服务功能变化和水生生物受损情况,为研判污染趋势、进一步优化布点、精确监测奠定基础。

初步调查阶段,对于污染物监测,以感官判断、现场快速检测为主,实验室分析为辅,可根据实际情况选择现场或实验室分析方法,或两者同时开展。根据污染物的特性及其在不同环境要素中的迁移转化特点,对于易挥发、易分解、易迁移转化的污染物应采用现场快速检测手段进行监测。按环境要素,监测的紧迫程度通常为地表水>沉积物>生物。进行样品快速检测的,根据相关规范保存部分样品,以备实验室复检。

对于污染团明显的难溶性污染物,结合遥感影像图进行辅助判断。

按污染物的理化性质和结构特征分类,采用能涵盖多指标同类污染物的高通量快速检测分析方法。

(4)系统调查采样

系统调查阶段的目的是通过开展系统的布点采样和定量分析,确定污染物类型和浓度、污染范围、水生生物受损程度,为损害确认提供依据。

①污染源布点采样。根据排污单位的现场具体情况,对产生污染物的污染源排污口布点,对接纳污染物的地表水体布点。具体参照《污水监测技术规范》(HJ 91.1—2019)。

a.污染物进入水体前,对污染源排口进行采样,生产周期在 8 h 以内,采样时间间隔应不小于 2 h;生产周期大于 8 h,采样时间间隔应不小于 4 h;每个生产周期内采样频次应不少于 3 次;如没明显生产周期、不稳定连续生产,采样时间间隔应不小于 4 h,每个生产日内采样频次应不少于 3 次。

b.污染物进入水体后,应在刚进入水体的重污染区域布设采样断面。一般可溶性污染物,当水深大于 1 m 时,应在表层下 1/4 深度处采样;水深小于或等于 1 m 时,在水深的 1/2 处采样。不溶性轻质污染物应在水体表层采样,不溶性重质污染物应在水体底层采样。

②地表水布点采样。对于河流,根据污染物排放、泄漏、倾倒的位置,沿河流流向在下游(控制断面)设置监测断面(点),并在上游布设对照断面(点)。采样断面位置尽量选择顺直河段、河床稳定、水流平稳、水面宽阔、无急流、无浅滩处。监测断面尽量与水文观测断面一致,以便利用其水文参数,实现水质监测与水文监测的结合。如河流的流速很小或基本静止,可根据污染物的特性在不同水层采样;在影响区域内,饮用水和农灌区取水口处必须设置采样断面(点)。

对于湖(库),对可确定污染范围的事件,应以事件发生地点为中心,按水流方向以一定间隔的扇形或圆形布设监测垂线采样点,并根据污染物的特性在不同水层采样,同时根据水流流向,在其上游或未受影响区域适当距离布设对照点。对无法确定污染范围的事件,采样点应布设在湖(库)区的不同水域,如进水区、出水区、深水区、浅水区、湖心区、岸边区,按水体类别设置监测垂线。湖库区若无明显功能区别,可用网络法均匀设置监测垂线。必要时,在湖(库)出水口和饮用水取水口处设置采样断面(点)。监测垂线上采样点的布设一般与河流的规定相同,但有可能出现温度分层现象时,应做水温、溶解氧的探索性试验后再确定。

河流、湖(库)布点采样与保存的具体要求参照《地表水和污水监测技术规范》(HJ/T 91—2002)、《水质 样品的保存和管理技术规定》(HJ 493—2009)、《水质 采样方案设计技术规定》(HJ 495—2009)等相关技术规范执行。

③沉积物布点采样。沉积物布点采样和保存参照《地表水和污水监测技术规范》(HJ/T 91—2002)、《土壤环境监测技术规范》(HJ/T 166—2004)执行。河流、湖(库)沉积物采样布点位置和数量可以参考地表水体布点方案确

定,同时,结合沉积物中污染物空间范围模拟的需求确定采样深度和点位。

沉积物样品的检测主要用于了解水体中易沉降、难降解污染物的累积情况。为确定沉积物中污染物的沉积时间,应该分层采样,模拟了解污染物沉积过程。沉积物采样点位通常位于水质采样垂线的正下方。当正下方无法采样时,可略作移动,移动的情况应在采样记录表上详细注明。沉积物采样点应避开河床冲刷、底质沉积不稳定及水草茂盛、表层底质易受搅动之处。湖(库)沉积物采样点一般应设在主要河流及污染源排放口与湖(库)水混合均匀处。

河流、湖(库)沉积物采样布点位置和数量可以参考地表水体布点方案确定。沉积物损害面积或体积可以根据沉积物模型的需求确定。

④生物布点采样。在地表水生态环境事件影响范围内,考虑水体面积、水功能区、水生生物空间和时间分布特点和调查目的,采用空间平衡随机布点法布置采样点,或沿生物、水生态受损害梯度布置采样点。

a.对于湖(库)水生生物的调查,以事件发生地点为中心,按水流方向在一定间隔的扇形或圆形范围内布点采样,并在近岸和中部布设水生生物采样点,沿岸浅水区(有水草区、无水草区)随机分散布点。

b.对于河流水生生物的调查,应在事件发生地的上游、中游、下游,受影响支流汇合口及上游、下游等河段设置水生生物调查采样断面。

c.对受损害水体影响的陆生生物(如鸟类、两栖动物和其他陆生动物及岸边植物)的调查,根据生物类型,在受损害水体的两边50~100 m范围内布点调查。

采样时间应考虑生物节律,包括植物的季节变化以及动物的季节变化和日变化。采样方法具体参照《生物多样性观测技术导则　鸟类》(HJ 710.4—2014)、《生物多样性观测技术导则　两栖动物》(HJ 710.6—2014)、《生物多样性观测技术导则　内陆水域鱼类》(HJ 710.7—2014)、《生物多样性观测技术导则　淡水底栖大型无脊椎动物》(HJ 710.8—2014)、《生物多样性观测技术

导则 水生维管植物》(HJ 710.12—2016)、《淡水浮游生物调查技术规范》(SC/T 9402—2010)、《淡水生物调查技术规范》(DB43/T 432—2009)以及《污染死鱼调查方法(淡水)》(农渔函〔1996〕62号)等相关标准和技术文件执行,缺少规定的,可以参考《海洋生物质量监测技术规程》(HY/T 078—2005)等相关标准和技术文件执行。

⑤其他布点采样。对于地表水对土壤或地下水可能造成污染的情况,需要对土壤和地下水开展必要的布点采样,参照《生态环境损害鉴定评估技术指南 环境要素 第1部分:土壤和地下水》(GB/T 39792.1—2020)、《土壤环境监测技术规范》(HJ/T 166—2004)、《地下水环境监测技术规范》(HJ 164—2020)等相关技术规范。

对于特征污染物是挥发性有机污染物的情况,需要结合风向、地表水流速对大气环境开展必要的布点采样,一般在下风向进行扇形布点,具体参照《突发环境事件应急监测技术规范》(HJ 589—2021)。

对于因外来物种入侵导致生物受损的情况,需要对外来物种种类、来源、数量等开展调查,有针对性的布点观测。

对于因开采、建设等行为导致地表水、沉积物及水生生物陷漏的情况,需要对地下水连通情况进行必要的布点调查。

2.2.7.5 样品检测分析

应采用现有国家或行业标准分析方法进行水、沉积物、土壤等样品测定。生物样品参照《动、植物中六六六和滴滴涕测定的气相色谱法》(GB/T 14551—2003)、食品安全国家标准等相关标准技术规范执行。

对于无国家或行业标准分析方法的,可采用转化的国外标准分析方法或业界认可的分析方法,但需通过资质认定并经过委托方签字认可。新型污染物的分析方法可以参考生态环境部相关水质、土壤和沉积物环境监测规范。检出限应低于污染物在相应水环境介质中的国家标准限值,没有标准限值的,可参考国外标准限值。

监测结果可定性、半定量或定量给出。定性监测结果可用"检出"或"未检出"表示,并注明监测项目的检出限;半定量监测结果可给出所测污染物的测定结果或测定结果范围;定量监测结果应给出所测污染物的测定结果。

应制定防止样品污染的工作程序,包括空白样分析、现场重复样分析、采样设备清洗空白样分析、采样介质对分析结果影响分析、样品保存方式和时间对分析结果的影响等。地表水、沉积物、环境空气和地下水样品采集、保存、运输、实验室分析过程质量控制参照《地表水和污水监测技术规范》(HJ/T 91—2002)、《环境空气质量手工监测技术规范》(HJ 194—2017)、《地下水环境监测技术规范》(HJ 164—2020)和《土壤环境监测技术规范》(HJ/T 166—2004),污染源样品采集、保存、运输、实验室分析过程质量控制参照《地表水和污水监测技术规范》(HJ/T 91—2002)、《污水监测技术规范》(HJ 91.1—2019)。

第3章 水污染事件暴露评估、风险评估与因果关系判定、损害评估的关系

　　水污染事件导致的地表水和沉积物生态环境损害,是确认损害事实、判定因果关系和量化损害程度的综合过程,而非基于暴露评估和效应评估对损害可能性的预测或估计。在地表水和沉积物生态环境损害评估中,引入风险评估的目的,是在损害量化阶段采用风险评估的方法手段判断受损的地表水、沉积物及水生态系统是否需要进行恢复,确定恢复目标和恢复方案。风险评估强调量化评估不良后果发生的"概率""可能性",可能是前瞻性的预测或回顾性的评价,对数据的质量和精度要求较低,评价结果的不确定性可以被接受。生态环境损害鉴定评估必须为污染环境或破坏生态行为导致生态环境损害的因果关系提供肯定的"证据链"而不是"可能性",对数据的质量和精度要求更高。

　　此外,因果关系判定通常在同源性分析、暴露路径建立和验证以及关联性证明的基础上,对污染环境行为与损害后果间的因果关系进行推断,是一个综合分析的过程。在因果关系判定过程采用暴露评估和暴露路径建立与验证的相关技术方法,可为因果关系的判定提供重要的依据。

　　因此,生态环境损害鉴定评估不等同于风险评估,只是应用了风险评估的方法,为损害的量化和因果关系判定提供依据。

3.1 污染环境行为导致损害的因果关系分析

结合鉴定评估准备以及损害调查确认阶段获取的损害事件特征、评估区域环境条件、地表水和沉积物污染状况等信息,采用必要的技术手段对污染源进行解析;开展污染介质、载体调查,提出特征污染物从污染源到受体的暴露评估,并通过暴露路径的合理性、连续性分析,对暴露路径进行验证,必要时构建迁移和暴露路径的概念模型;基于污染源分析和暴露评估结果,分析污染源与地表水和沉积物环境质量损害、水生生物损害、水生态系统服务功能损害之间是否存在因果关系。

3.1.1 污染物同源性分析

在已有污染源调查结果的基础上,通过人员访谈、现场踏勘、空间影像识别等手段和方法,分析潜在的污染源,必要时开展进一步的水文和水文地质与水生生物调查。根据实际情况选择合适的检测和统计分析方法确定污染源。

污染物同源性分析常用的检测和统计分析方法包括:

(1)污染特征比对法。采集潜在污染源和受体端地表水、沉积物和生物样品,分析污染物类型、浓度、组分、比例等情况,通过统计分析进行特征比对,判断受体端和潜在污染源的同源性,确定污染源。

(2)同位素技术。对于损害时间较长,且特征污染物为铅、镉、锌、汞、氯、碳、氢、氮等元素的重金属或有机物时,可对地表水和沉积物样品进行同位素分析,根据同位素组成和比例等信息,判断受体端和潜在污染源的同源性,确定污染源。

(3)多元统计分析法。采集潜在污染源、受体端地表水和沉积物样品,分析污染物类型、浓度等情况,采用相关性分析、主成分分析、聚类分析、因子分析等统计分析方法分析污染物或样品的相关性,判断受体端和潜在污染源的同源性,确定污染源。

3.1.2　暴露评估

暴露评估的目的是评估潜在受影响的水体和水生生物暴露于污染源的方式、时间和路径。

3.1.2.1　暴露性质、方式和持续时间

暴露评估需要考虑的因素包括环境暴露的性质或方式、暴露的时间、与其他环境因素的关系(溶解氧浓度的日变化、水文水动力因素)、暴露的持续性(急性与慢性、连续与间歇、生物代暴露等),以及影响暴露的局部水文、地球化学或生态因素等。

3.1.2.2　暴露路径分析与确定

基于前期调查获取的信息,对污染物的传输机理和释放机理进行分析,初步构建污染物暴露路径概念模型,识别传输污染物的载体和介质,提出污染源到受体之间可能的暴露路径的假设。

传输的载体和介质包括水体、沉积物和水生生物。

涉及地表水和沉积物的污染物传输与释放机理主要包括:地表水径流与物理迁移扩散,沉积物-水相的扩散交换,悬浮颗粒物和沉积物的物理吸附、解吸,沉积物的沉积、再悬浮和掩埋,污染物在暴露迁移过程中发生的沉淀、溶解、氧化还原、光解、水解等物理化学反应过程。

涉及生物载体的污染物传输与释放机理主要包括:水生生物从地表水和沉积物介质摄取污染物的过程(经鳃吸收、摄食等),生物体内传输代谢和清

除过程(鳃转移、组织分布、代谢转化、排泄、生长稀释等),生物受体之间的食物链传递与生物放大作用。

建立暴露路径后,需要对其是否存在进行验证,即识别组成暴露途径的暴露单元,对每一单元内的污染物浓度、污染物的迁移机制和路线以及该单元的暴露范围进行分析,以此确定各个暴露单元是否可以组成完整的暴露路径,将污染源与生物受体连接起来。

3.1.2.3　二次暴露

如果释放的污染物在地表水和沉积物中发生反应并产生副产物,则可能发生二次暴露。污染物可以直接发生二次物理、化学和生物效应,例如,如果污染物释放破坏了具有稳定河床或缓和温度功能的植被,鱼类可能会暴露于过多的沉积物或过高的温度中,即污染物释放产生二次影响。对于具有生物累积性的污染物,可以通过食物网的传递发生二次暴露。

3.1.2.4　关联性证明

建立暴露路径,识别污染物与损害结果的关联后,进一步通过文献回顾、实验室实证研究和模型模拟方法对损害关联性进行证明。

首先基于现有文献,对污染物与损害之间的暴露-反应关系进行研究判断。如果文献信息不足,进一步采用实验与模型模拟研究方法,对污染物与损害之间的暴露-反应关系进行验证判断。通过对与评估区暴露条件类似的损害与暴露关系进行实验室研究,来确定实际评估区的暴露-反应关系。该方法可单独使用,也可以与模型模拟方法配合使用。

模型提供了一种模拟污染物与环境和受体之间相互作用的方法,可以对污染事件产生的水环境暴露与损害结果进行预测。

针对特征污染物的理化特性以及在水体中的迁移转化过程,可采用水动力模型和水质模型模拟预测水环境污染事件发生后污染物在水体中的暴露迁移过程。河流、湖库、入海河口等不同类型地表水体污染物的常用水动力模型和水质模型包括河流/湖库均匀混合模型(零维模型)、纵向一维模型、河网模型(河流)、垂向一维模型(湖库)、平面二维模型、立面二维模型、三维模型等。

　　针对特征污染物的理化特性、暴露在不同介质的传输分布以及与生物受体之间的相互作用,可采用环境逸度模型模拟预测污染物在气、水、沉积物、生物体等环境介质中的分布动态与归趋,例如模拟地表水-沉积物暴露归趋的水-空气-沉积物交换(QWASI)模型、模拟水生生物富集和食物链传递的生物富集(FISH)和食物网(FOOD WEB)模型;也可采用生态模型模拟水生态系统综合效应,例如水生态毒理(AQUATOX)模型。

3.1.3　因果关系分析

　　同时满足以下条件,可以确定污染源与地表水、沉积物以及水生生物和水生态系统服务功能损害之间存在因果关系:

　　(1)存在明确的污染源。

　　(2)地表水与沉积物环境质量下降,水生生物、水生态系统服务功能受到损害。

　　(3)排污行为先于损害后果的发生。

　　(4)受体端和污染源的污染物存在同源性。

　　(5)污染源到受损地表水与沉积物以及水生生物、水生态系统之间存在合理的暴露路径。

3.2　破坏生态行为导致损害的因果关系分析

　　通过文献查阅、现场调查、专家咨询等方法,分析非法捕捞、湿地围垦、非法采砂等破坏生态行为导致水生生物资源和水生态系统服务功能以及地表水环境质量受到损害的作用机理,建立破坏生态行为导致水生生物和水生态系统服务功能以及地表水环境质量受到损害的因果关系链条。同时满足以下条件,可以确定破坏生态行为与水生生物资源、水生态服务功能损害或水环境质量下降之间存在因果关系:

(1)存在明确的破坏生态行为。

(2)水生生物、水生态系统服务功能受到损害或水环境质量下降。

(3)破坏生态行为先于损害的发生。

(4)根据水生态学和水环境学理论,破坏生态行为与水生生物资源、水生态系统服务功能损害或水环境质量下降具有关联性。

根据需要,分析其他原因对水生生物资源、水生态服务功能损害或水环境质量下降的贡献。

3.3 损害评估方法

3.3.1 人身损害

人身损害赔偿数额按《最高人民法院关于审理人身损害赔偿案件适用法律若干问题的解释》(法释〔2022〕14 号)计算;精神损害抚慰金按《最高人民法院关于确定民事侵权精神损害赔偿责任若干问题的解释》(法释〔2020〕17 号)计算。

3.3.2 财产损害

3.3.2.1 财产损毁或实际价值减少

(1)固定资产损失

固定资产损失指因污染环境或破坏生态行为造成固定资产损毁或价值

减少带来的损失,采用修复费用法或重置成本法计算。如果完全损毁,采用重置成本法计算;如果部分损毁,采用重置成本法或修复费用法计算。采用重置成本法的固定资产损失的计算见公式(4-1)。修复费用法按实际发生的固定资产的维修费用进行计算。

$$固定资产损失＝重置完全价值(元)×[1－年平均折旧率(\%)$$
$$×已使用年限]×损坏率(\%) \tag{4-1}$$

其中,

$$年平均折旧率＝(1－预计净残值率)×100\%/折旧年限 \tag{4-2}$$

重置完全价值是指重新建造或购置全新的固定资产所需的费用;预计净残值率是指固定资产净残值占资产原价值的比例,由专业技术人员或专业资产评估机构进行定价评估;固定资产净残值是指固定资产报废时预计可收回的残余价值扣除预计清理费用后的余额。

(2)流动资产损失

流动资产损失指生产经营过程中参加循环周转,不断改变其形态的资产,如原料、材料、燃料、在制品、半成品、成品等的经济损失。流动资产损失按不同流动资产种类分别计算并汇总,见公式(4-3)。

$$流动资产损失＝流动资产数量×购置时价格－残值 \tag{4-3}$$

残值指财产损坏后的残存价值,应由专业技术人员或专业资产评估机构进行定价评估。

(3)水产品财产损失

水产品财产损失指环境污染或生态破坏导致的水产品产量减少和水产品质量受损的经济损失,按照《渔业污染事故经济损失计算方法》(GB/T 21678—2018)计算。

3.3.2.2　清除财产污染的额外支出

财产损害还包括为防止财产因环境污染造成进一步损毁而支出的清除

财产污染的费用,包括工厂清理受污染工业设备的费用支出、水厂清理管道和生产设备的费用支出、渔民清理渔具的费用支出以及其他清除财产污染的费用。对于清除财产污染的额外支出,通过审核额外支出费用的票据后进行计算。

3.3.3　生态环境损害

3.3.3.1　生态环境损害评估方法及其适用条件

生态环境损害评估方法包括替代等值分析方法和环境价值评估方法。

(1)替代等值分析方法

替代等值分析方法包括资源等值分析方法、服务等值分析方法和价值等值分析方法。

资源等值分析方法是将环境的损益以资源量为单位来表征,通过建立环境污染或生态破坏所致资源损失的折现量和恢复行动所恢复资源的折现量之间的等量关系来确定生态恢复的规模。资源等值分析方法的常用单位包括鱼或鸟的种群数量、水资源量等。

服务等值分析方法是将环境的损益以生态系统服务为单位来表征,通过建立环境污染或生态破坏所致生态系统服务损失的折现量与恢复行动所恢复生态系统服务的折现量之间的等量关系来确定生态恢复的规模。服务等值分析方法的常用单位包括生境面积、服务恢复的百分比等。

价值等值分析方法分为价值-价值法和价值-成本法。价值-价值法是将恢复行动所产生的环境价值贴现与受损环境的价值贴现建立等量关系,此方法需要将恢复行动所产生的效益与受损环境的价值进行货币化。衡量恢复行动所产生的效益与受损环境的价值需要采用环境价值评估方法。价值-成本法首先估算受损环境的货币价值,进而确定恢复行动的最优规模,恢复行动的总预算为受损环境的货币价值量。

（2）环境价值评估方法

环境价值评估方法包括直接市场价值法、揭示偏好法、效益转移法和陈述偏好法。常用的环境价值评估方法参见《环境损害鉴定评估推荐方法（第Ⅱ版）》（环办〔2014〕90 号）附录 A。

（3）生态环境损害评估方法的选择原则

①优先选择替代等值分析方法中的资源等值分析方法和服务等值分析方法。如果受损的环境以提供资源为主，采用资源等值分析方法；如果受损的环境以提供生态系统服务为主，或兼具资源与生态系统服务，采用服务等值分析方法。

采用资源等值分析方法或服务等值分析方法应满足以下两个基本条件：

a. 恢复的环境及其生态系统服务与受损的环境及其生态系统服务具有同等或可比的类型和质量。

b. 恢复行动符合成本有效性原则。

②如果不能满足资源等值分析方法和服务等值分析方法的基本条件，可考虑采用价值等值分析方法。如果恢复行动产生的单位效益可以货币化，考虑采用价值-价值法；如果恢复行动产生的单位效益的货币化不可行（耗时过长或成本过高），则考虑采用价值-成本法。同等条件下，推荐优先采用价值-价值法。

③如果替代等值分析方法不可行，则考虑采用环境价值评估方法。以方法的不确定性为序，从小到大依次建议采用直接市场价值法、揭示偏好法和陈述偏好法，条件允许时可以采用效益转移法。

以下情况推荐采用环境价值评估方法：

a. 当评估生物资源时，如果选择生物体内污染物浓度或对照区的发病率作为基线水平评价指标，由于在生态恢复过程中难以对其进行衡量，推荐采用环境价值评估方法。

b. 由于某些限制原因,环境不能通过修复或恢复工程完全恢复,采用环境价值评估方法评估环境的永久性损害。

c. 如果修复或恢复工程的成本大于预期收益,推荐采用环境价值评估方法。

3.3.3.2 基于恢复目标的生态环境损害评估步骤

基于恢复目标的生态环境损害评估,应首先确定修复或恢复的目标,即将受损的生态环境恢复至基线状态、或修复至可接受风险水平、或先修复至可接受风险水平再恢复至基线状态、或在修复至可接受风险水平的同时恢复至基线状态。对于部分工业污染场地,可根据再利用目的将受损生态环境修复至可接受风险水平。以下将该过程统一称为恢复。

按恢复目的的不同,可将恢复划分为基本恢复、补偿性恢复和补充性恢复。基本恢复的目的是使受损的环境及其生态系统服务复原至基线水平;补偿性恢复的目的是补偿环境从损害发生到恢复至基线水平期间,受损环境原本应该提供的资源或生态系统服务;如基本恢复和补偿性恢复未达到预期恢复目标,则需开展补充性恢复,以保证环境恢复到基线水平,并对期间损害给予等值补偿。

如果环境污染或生态破坏导致的生态环境损害持续时间不超过一年,则仅开展基本恢复;否则,需要同时开展基本恢复与补偿性恢复。

(1)基本恢复方案的筛选与确定

基本恢复是在确认生态环境损害发生、确定其时空范围并判定污染环境或破坏生态行为与生态环境损害间因果关系的基础上,选择合适的替代等值分析方法,确定最优的恢复方案,估算实施最优恢复方案所需的费用。

①基本恢复措施的选择。基本恢复方案可以选择人工恢复措施,也可以选择自然恢复措施。人工恢复措施适用于目前技术水平下能够有效恢复受损环境及其生态系统服务且符合成本效益原则的情形。自然恢复措施适用

于以下情形：

a. 所有的恢复方案都无法避免产生较大的二次污染或对环境造成严重的干扰。

b. 目前技术水平下，恢复行动耗资巨大，不符合成本效益原则。

c. 目前技术水平下，无法恢复受损的环境及其生态系统服务。

②基本恢复方案的初步筛选。综合采用现场勘查、专家咨询、德尔菲法以及费用-效果分析等方法对备选恢复方案进行初步筛选。优先选择能提供与损失的资源与服务同等类型、同等质量或具有可比价值的资源与服务的恢复方案，其次考虑能够提供可比类型和质量的恢复方案。

③基本恢复方案的定性筛选。经过初步筛选的方案可以根据以下原则进行进一步筛选：

a. 有效性：恢复方案应该能够实现对受损环境的恢复、修复或重置。

b. 合法性：符合国家或地方相关法律法规、标准和规划等。

c. 保护公众健康和安全：恢复工程不得危害公众健康和安全。

d. 技术可行性：恢复方案应该有较高的成功的可能性，并在技术上可行。

e. 公众可接受：恢复方案应该达到公众可接受的最低限度，恢复方案的实施不得产生二次损害。

f. 减小环境暴露：恢复方案应该尽量降低环境的污染物暴露量与暴露水平，包括污染物的数量、流动性和毒性等。

④基本恢复方案的偏好筛选。进一步对经过定性筛选的基本恢复方案进行偏好筛选，一般采用定性与定量相结合的方法，如层次分析法，进行选择判断。

⑤基本恢复方案的成本效益分析。如果通过定性筛选和偏好筛选，有两种或更多可选方案时，利用成本效益或成本效果分析方法进行评估，选择成本效益或效果比最优的方案。如果所有恢复方案的成本均大于预期收益，建议采用环境价值评估方法进行评估。

⑥基本恢复方案的确定。通过对基本恢复方案的筛选,确定最优恢复方案后,需进一步确定最优恢复行动或措施的实施范围、恢复规模和持续时间等。

(2)补偿性恢复方案的筛选和确定

补偿性恢复是在基本恢复方案的基础上,选择合适的替代等值分析方法,评估期间损害并提出补偿期间损害的恢复方案,估算实施恢复方案所需的费用。

补偿性恢复方案的筛选和确定参阅《环境损害鉴定评估推荐方法(第Ⅱ版)》(环办〔2014〕90号)附录 B。

(3)补充性恢复方案的筛选和确定

开展恢复方案的实施效果评估,如果基本恢复或补偿性恢复未达到预期效果,应进一步筛选并确定补充性恢复方案,实施补充性恢复。补充性恢复方案的筛选和制定参阅(1)基本恢复方案的筛选与确定和(2)补偿性恢复方案的筛选和确定。

3.3.3.3　永久性生态环境损害的评估

在进行生态环境损害评估时,如果既无法将受损的环境恢复至基线,也没有可行的补偿性恢复方案弥补期间损害,或只能恢复部分受损的环境,则应采用环境价值评估方法对受损环境或未得以恢复的环境进行价值评估。

3.3.3.4　现值系数

在进行生态环境损害评估时,考虑公共环境资源的时间价值,计算环境的期间损害时需要利用现值系数进行折算,现值系数体现的是人们消耗公共物品的时间偏好。现值系数包括复利率和贴现率,对过去的损失利用复利率进行复利计算,对未来损失利用贴现率进行贴现计算。对于环境资源类物品,现值系数推荐采用2%～5%。

3.3.4　应急处置费用

应急处置费用按照《突发环境事件应急处置阶段环境损害评估推荐方法》(环办〔2014〕118 号)进行评估。

3.3.5　事务性费用

事务性费用按实际支出进行汇总统计。

第4章 地表水与沉积物环境损害确认

环境损害确认包括基线的确认以及人身损害、财产损害、生态环境损害、应急处置费用及其他事务性费用的确认。

本章提出了基线的确认方法,包括利用污染环境或破坏生态行为发生前评估区域近三年内的历史数据、可比较的对照数据、环境质量标准等确定基线,当上述方法不可行时应开展专项研究,对于污染物指标,根据水质基准制定相关标准,推导确定基线水平。

《生态环境损害鉴定评估技术指南 总纲和关键环节 第1部分:总纲》(GB/T 39791.1—2020)将"评估区环境空气、地表水、沉积物、土壤、地下水、海水中特征污染物浓度或相关理化指标超过基线"作为生态环境损害确认的条件之一。《生态环境损害鉴定评估技术指南 环境要素 第2部分:地表水和沉积物》(GB/T 39792.2—2020)将"地表水和沉积物中特征污染物的浓度超过基线,且与基线相比存在差异"作为损害确认的条件之一。

4.1　基线调查与确认

4.1.1　优先使用历史数据作为基线水平

查阅相关历史档案或文献资料,包括针对调查区开展的常规监测、专项调查、学术研究等过程获得的文字报告、监测数据、照片、遥感影像、航拍图片等结果,获取能够表征调查区地表水和沉积物环境质量和生态服务功能历史状况的数据。选择考虑年际、年内水文节律等因素的历史同期数据。应对历史数据的变异性进行统计描述,识别数据中的极值或异常值并分析其原因,确定是否剔除极值或异常值,根据专业知识和评价指标的意义确定基线,确定原则参照《生态环境损害鉴定评估技术指南　总纲和关键环节　第 1 部分:总纲》(GB/T 39791.1—2020)中基线确认的相关内容。

4.1.2　以对照区调查数据作为基线水平

针对调查区地表水和沉积物环境质量以及水生态服务功能历史状况的数据无法获取的情况,可以选择合适的对照区,以对照区的历史或现状调查数据作为基线水平。对照区数据应对评估区域具有较好的时间和空间代表性,且其数据收集方法应与评估区域具有可比性,并遵守评估方案的质量保证规定。对照区的水功能区、气候条件、自然资源、水文地貌、水生生物区系等性质条件应与评估水域近似。对照区的具体采样布点要求参照 2.2.7.4 布点采样执行。利用对照区数据确定基线的原则参照《生态环境损害鉴定评估技术指南　总纲和关键环节　第 1 部分:总纲》(GB/T 39791.1—2020)中基线确认的相关内容。

4.1.3　参考环境质量标准确定基线水平

对于无法获取历史数据和对照区数据的情况,则根据调查区地表水和沉积物的使用功能,查找相应的地表水和沉积物环境质量标准或基准。对于存在多个适用标准的情况,应该根据评估区所在地区技术、经济水平和环境管理需求选择标准。

4.1.4　专项研究

对于无法获取历史数据和对照区数据,且无可用的水环境质量标准的情况,应开展专项研究,对于污染物指标,根据水质基准制定相关标准,推导确定基线水平。

4.1.5　基线确认的工作程序

4.1.5.1　基线信息调查搜集

基线信息调查搜集主要包括:

(1)针对调查区的专项调查、学术研究以及其他自然地理、生态环境状况等相关历史数据。

(2)针对与调查区的地理位置、气候条件、水文地貌、水功能区类型、水生生物区系等类似的未受影响的对照区,搜集水环境与水生态状况的相关数据。

(3)污染物的水环境基准和标准。

(4)污染物的水生态毒理学效应、调查区生物多样性分布等文献调研和实验获取数据。

4.1.5.2　基线确定方法筛选

优先采用历史数据和对照区调查数据,其次采用环境质量标准或通过专项研究推导确定基线。

4.1.5.3　基线水平的确定

按照基线选取的优先顺序,对基线水平的科学性和合理性进行评价,确定评估区的地表水和沉积物生态环境基线水平。

4.2　人身损害

4.2.1　个体人身损害的确认

个体水平的人身损害应排除不可抗力以及受害人主观故意或重大过失,其确认应满足下列任一条件:

(1)个体死亡的。

(2)按照《人体损伤程度鉴定标准》(2013年版)明确诊断为伤残的。

(3)临床检查可见特异性或严重的非特异性临床症状或体征、生化指标或物理检查结果异常,按照《疾病和有关健康问题的国际统计分类》(ICD-10)明确诊断为某种或多种疾病的。

(4)虽未确定为死亡、伤残或疾病,为预防人体出现不可逆转的器质性或功能性损伤而必须采取临床治疗或行为干预的。

4.2.2　群体人身损害的确认

群体水平的人身损害应排除不可抗力以及受害人主观故意或重大过失,

其确认应满足下列任一条件：

（1）流行病学调查表明调查人群与对照人群在疾病频率（如发病率、死亡率等）、生理生化指标或临床物理检查结果等存在显著性差异。

（2）空间分析表明调查人群疾病频率（如疾病、死亡、伤残等）存在显著的空间聚集性。

4.3 财产损害

财产损害的确认应排除不可抗力造成的财产损毁以及财产所有者主观故意或重大过失，且满足下列任一条件：

（1）造成国家、集体或个人财产物理性损坏的。

（2）造成国家、集体或个人财产功能性损坏的。

（3）造成国家、集体或个人财产实际价值减少的。

（4）防止财产因环境污染或生态破坏造成进一步损毁而额外支出的费用。

（5）造成法律规定的其他损坏情形的。

4.4 生态环境损害

地表水生态环境损害的确认原则包括：

（1）地表水和沉积物中特征污染物的浓度超过基线，且与基线相比存在差异。

（2）评估区指示性水生生物种群特征（如密度、性别比例、年龄组成等）、群落特征（如多度、密度、盖度、丰度等）或生态系统特征（如生物多样性）发生不利改变，超过基线。

（3）水生生物个体出现死亡、疾病、行为异常、肿瘤、遗传突变、生理功能失常、畸形。

（4）水生生物中的污染物浓度超过相关食品安全国家标准或影响水生生物的食用功能。

（5）损害区域不再具备基线状态下的服务功能，包括支持服务功能（如生物多样性、岸带稳定性维持等）的退化或丧失、供给服务（如水产品养殖、饮用和灌溉用水供给等）的退化或丧失、调节服务（如涵养水源、水体净化、气候调节等）的退化或丧失、文化服务（如休闲娱乐、景观观赏等）的退化或丧失。

第5章 常用水质模拟模型和暴露评估模型

针对水环境污染事件地表水水质浓度难以在排放或泄漏第一时间监测获取、地表水沉积物暴露归趋-水生生物富集和食物链传递-水生态综合效应暴露分析缺少成熟方法的问题,本章给出了特征污染物水质模拟常用数学模型与水生态暴露评估常用模型。前者针对可溶性污染物、易挥发性污染物、油类污染物三类水环境污染事件的常见污染物,以及不同水文特点的沟渠、河流、湖库等地表水水体和数据可得性,推荐了一些常用的水质数学模型,并对模型的适用范围进行了说明,为模拟特征污染物在水体中的迁移扩散和计算污染物浓度提供技术依据;后者针对多环境介质迁移转化、水生生物食物网污染物传递摄取、水生生物体内污染暴露归趋、水生态效应等水生生物污染暴露评估等关键技术环节,简要介绍了水-空气-沉积物交换模型(QWASI)、生物富集模型(FISH)、食物网模型(FOOD WEB)、水生态毒理模型(AQUATOX)的主要功能。

5.1　特征污染物模拟常用数学模型基本方程及其适用条件

5.1.1　可溶性污染物

5.1.1.1　河流

（1）河流零维水质模型

$$C = \frac{C_P \cdot Q_P + C_E \cdot Q_E}{Q_P + Q_E} \tag{5-1}$$

式中，C 为完全混合的水质浓度（mg/L）；Q_P、C_P 分别为上游来水水量（m³/s）与本底水质浓度（mg/L）；Q_E、C_E 分别为污水流量（m³/s）与污染物排放浓度（mg/L）。

适用范围：混合均匀的小型河流、沟渠，可用于非降解类污染物在小型天然河道及沟渠内的沿程水质模拟。

资料需求：水环境事件上游河流流量和水体中污染物本底浓度、污染物排放量和排放浓度。

（2）河流一维恒定流水质模型

$$C(x) = C_0 \exp\left[-\frac{K_1 x}{u}\right] \tag{5-2}$$

$$C_0 = \frac{W_0}{Q} \tag{5-3}$$

式中，$C(x)$ 为河段排放点下游 x 处的污染物浓度（mg/L）；u 为河段平均水流流速（m/s）；K_1 为特征污染物的一级降解系数（s⁻¹）；x 为沿流程的距离（m）；W_0 为事件发生地点（$x=0$ 处）的特征污染物排放源强（mg/s）；Q 为河段流量（m³/s）。

适用范围:河道断面较为规则、横断面水流流速分布较为均匀的中小型河流水质模拟,常用于突发水环境事件应急处置及预警预报中。

资料需求:突发水环境事件河段流量、河段平均流速、特征污染物排放源强、特征污染物一级降解系数、河段流程环境敏感点距离事件发生点的水流流程距离。

(3)一维非恒定水质模型

一维非恒定水动力学模型的基本方程(圣维南方程)为:

$$\frac{\partial A}{\partial t}+\frac{\partial Q}{\partial x}=q$$

$$\frac{\partial Q}{\partial t}+\frac{\partial}{\partial x}\left(\frac{Q^2}{A}\right)=-gA\left[\frac{\partial Z}{\partial x}+\frac{n^2u\,|\,u\,|}{h^{4/3}}\right] \qquad (5-4)$$

式中,A、Q、Z 分别为断面面积(m^2)、流量(m^3/s)、水位(m);q 为河流区间入流或分流量(m^3/s);n 为河道糙率;u 为断面平均流速(m/s);h 为断面水深(m)。

一维非恒定水质数学模型的基本方程为:

$$\frac{\partial(AC)}{\partial t}+\frac{\partial(uAC)}{\partial x}=\frac{\partial}{\partial x}\left[AD_x\frac{\partial C}{\partial x}\right]+Af(C)+r \qquad (5-5)$$

式中,u 为断面平均流速(m/s);C 为某种污染物的断面平均浓度(g/m^3);D_x 为污染物纵向离散系数(m^2/s);A 为断面面积(m^2);$f(C)$ 为生化反应项 [$g/(m^3 \cdot s)$];r 为污染物排放源强 [$g/(m \cdot s)$]。

边界条件:上游边界条件一般采用流量过程,下游边界条件为水位过程或者水位流量关系。水质数学模型上游边界条件为浓度过程,下游边界条件可以根据实际条件确定。

初始条件:一般根据初始时刻边界的流量(作为恒定流),推求河道的水面线、流速和过流面积,作为计算的初始条件,或者根据已知若干点的水位计算各个断面的水位、流速和过流面积,作为初始值。浓度初值一般设定为0,也可以采用实测浓度作为初值。

方程解法:当水体的水流及边界条件比较简单时,可以求得方程的解析解。多数情况下应采用数值解,包括有限差分法、有限体积法等,数值离散可以采用显格式以及隐格式。

适用范围:宽度和深度相对于纵向长度都显著小的河流和渠道。

资料需求:突发水环境事件河段流量、水位、河道糙率、水质、河道地形、污染物一级降解系数、特征污染物排放强度、污染物扩散系数等。

(4)平面二维数学模型

采用平面二维数学模型计算垂向平均的水流和水质因素在平面的变化,平面二维非恒定水流模型的基本方程为:

$$\frac{\partial Z}{\partial t}+\frac{\partial(uh)}{\partial x}+\frac{\partial(vh)}{\partial y}=q \tag{5-6}$$

$$\frac{\partial(uh)}{\partial t}+\frac{\partial(u^2h)}{\partial x}+\frac{\partial(uvh)}{\partial y}+gh\frac{\partial Z}{\partial x}=-g\frac{n^2u}{h^{1/3}}\sqrt{u^2+v^2}+2h\theta v\sin\varphi+\frac{1}{\rho}\tau_{wx} \tag{5-7}$$

$$\frac{\partial(vh)}{\partial t}+\frac{\partial(uvh)}{\partial x}+\frac{\partial(v^2h)}{\partial y}+gh\frac{\partial Z}{\partial y}=-g\frac{n^2v}{h^{1/3}}\sqrt{u^2+v^2}-2h\theta u\sin\varphi+\frac{1}{\rho}\tau_{wy} \tag{5-8}$$

式中,Z 为水位(m);u、v 分别为 x 与 y 方向上的流速(m/s);h 为水深(m);q 为考虑降雨等因素的源(汇)项(m/s);g 为重力加速度(m/s²);n 为糙率;θ 为地球自转角速度;φ 为当地纬度;τ_{wx}、τ_{wy} 分别为风应力沿 x 和 y 方向的分量(N/m²),可采用如下公式计算:

$$\begin{cases}\tau_{wx}=\rho_a C_D |\boldsymbol{W}|W_x \\ \tau_{wy}=\rho_a C_D |\boldsymbol{W}|W_y\end{cases} \tag{5-9}$$

式中,ρ_a 为空气密度(kg/m³);C_D 为阻力系数;$\boldsymbol{W}$ 为离水面 10 m 高处的风速(m/s);W_x、W_y 分别为 $\boldsymbol{W}$ 沿 x 和 y 方向的分量(m/s)。

平面二维非恒定水质数学模型的基本方程为:

$$\frac{\partial(hC)}{\partial t}+\frac{\partial(uhC)}{\partial x}+\frac{\partial(vhC)}{\partial y}=\frac{\partial}{\partial x}\left[D_x h\frac{\partial C}{\partial x}\right]+\frac{\partial}{\partial y}\left[D_y h\frac{\partial C}{\partial y}\right]+S+hf(C)$$

(5-10)

式中，h 为水深（m）；C 为某种污染物浓度（mg/L）；D_x、D_y 分别为横向及纵向紊动扩散系数（m^2/s）；S 为源（汇）项[$g/(m^2 \cdot s)$]；$f(C)$ 为污染物生化反应项[$g/(m^3 \cdot s)$]。

边界条件：固体边界法向速度为 0，开边界（水边界）采用水位以及流量过程作为边界条件。进行水质计算时，固边界的浓度法向梯度为 0，水边界根据实际条件确定。

初始条件：一般把初始时刻边界上相应的水位作为计算网格点的初始水位，初始流速和浓度初值一般设定为 0，也可以根据已知点流速和浓度进行差值计算，把得到的流速及浓度分布作为初值，以缩短计算收敛的时间。

方程解法：当水体的水流及边界条件比较简单时，可以求得方程的解析解。多数情况下应采用数值解，包括有限差分法、有限元法、有限体积法等，时间离散可以采用显格式、隐格式、半隐格式。根据评价区域的平面形态，计算网格可以采用结构化网格、非结构化网格和动态网格。

适用范围：水体宽度显著大于垂向深度的河流和渠道。

资料需求：突发水环境事件河段流量、水位、河道糙率、水质、河道地形、特征污染物排放强度、特征污染物一级降解系数、特征污染物扩散系数等。

（5）立面二维数学模型

描述立面二维水流运动的方程为：

$$\frac{\partial(Bu)}{\partial x}+\frac{\partial(Bw)}{\partial z}=0$$

(5-11)

$$\frac{\partial(Bu)}{\partial t}+\frac{\partial(Bu^2)}{\partial x}+\frac{\partial(Bwu)}{\partial z}+\frac{B}{\rho}\cdot\frac{\partial P}{\partial x}=\frac{\partial}{\partial x}\left[BA_h\frac{\partial u}{\partial x}\right]+\frac{\partial}{\partial z}\left[BA_z\frac{\partial u}{\partial z}\right]-\frac{\tau_{wx}}{\rho}$$

(5-12)

$$\frac{\partial P}{\partial z}+\rho g=0$$

(5-13)

式中，u、w 分别为水平和垂直方向的流速分量（m/s）；B 为宽度（m）；P 为压力（N）；ρ 为水体密度（kg/m³）；A_h、A_z 分别为水平和垂直方向的涡粘性系数；τ_{wx} 为边壁阻力（N）；g 为重力加速度（m/s²）。

立面二维水质数学模型的基本方程为：

$$\frac{\partial(BC)}{\partial t}+\frac{\partial(BuC)}{\partial x}+\frac{\partial(BwC)}{\partial z}=\frac{\partial}{\partial x}\left[BD_x\frac{\partial C}{\partial x}\right]+\frac{\partial}{\partial z}\left[BD_z\frac{\partial C}{\partial z}\right]+S+Bf(C)$$

$$(5\text{-}14)$$

式中，C 为某种污染物浓度（mg/L）；D_x、D_z 分别为横向以及垂向的紊动扩散系数（m²/s）；S 为源（汇）项[g/(m²·s)]；$f(C)$ 为污染物反应项[g/(m³·s)]。

边界条件：水流计算中的上下游边界分别根据相应流量确定，底部可以根据床面阻力与流速的关系给定边界条件（滑移边界条件），或者认为底部切向流速等于 0（无滑移边界条件）。水质计算中的上游边界采用污染物浓度过程，下游边界根据实际条件确定，水面浓度梯度等于 0。

初始条件：一般设定初始时刻流速和浓度为 0，也可以根据实测值进行插值，得到流速及浓度分布作为初值。

方程解法：一般采用数值解，包括有限差分法、有限元法、有限体积法等。

适用范围：水体宽度比较窄，流速、水温或污染物在深度方向上分布具有明显差异的河流和渠道。

资料需求：突发水环境事件河段流量、水位、河道糙率、水质、河道地形、特征污染物排放强度、特征污染物一级降解系数、特征污染物扩散系数等。

（6）三维数学模型

描述三维水流运动的方程为：

$$\frac{\partial u}{\partial x}+\frac{\partial v}{\partial y}+\frac{\partial w}{\partial z}=0 \qquad (5\text{-}15)$$

$$\frac{\partial u}{\partial t}+\frac{\partial(u^2)}{\partial x}+\frac{\partial(uv)}{\partial y}+\frac{\partial(uw)}{\partial z}+\frac{1}{\rho}\cdot\frac{\partial P}{\partial x}=\frac{\partial}{\partial x}\left[A_h\frac{\partial u}{\partial x}\right]+\frac{\partial}{\partial y}\left[A_h\frac{\partial u}{\partial y}\right]+$$

$$\frac{\partial}{\partial z}\left[A_z\frac{\partial u}{\partial z}\right]+2\theta v\sin\varphi \qquad (5\text{-}16)$$

$$\frac{\partial v}{\partial t}+\frac{\partial(uv)}{\partial x}+\frac{\partial(v^2)}{\partial y}+\frac{\partial(vw)}{\partial z}+\frac{1}{\rho}\cdot\frac{\partial P}{\partial y}=\frac{\partial}{\partial x}\left[A_h\frac{\partial v}{\partial x}\right]+\frac{\partial}{\partial y}\left[A_h\frac{\partial v}{\partial y}\right]+$$

$$\frac{\partial}{\partial z}\left[A_z\frac{\partial v}{\partial z}\right]-2\theta u\sin\varphi \tag{5-17}$$

$$\frac{\partial P}{\partial z}+\rho g=0 \tag{5-18}$$

式中，u、v、w 分别为 x、y、z 方向上的速度分量（m/s）；P 为压力（N）；ρ 为水体密度（kg/m³）；A_h、A_z 为水平方向和垂直方向的涡粘性系数；θ 为地球自转角速度；φ 为当地纬度；g 为重力加速度（m/s²）。

三维水质数学模型的基本方程为：

$$\frac{\partial C}{\partial t}+\frac{\partial(uC)}{\partial x}+\frac{\partial(vC)}{\partial y}+\frac{\partial(wC)}{\partial z}=\frac{\partial}{\partial x}\left[D_x\frac{\partial C}{\partial x}\right]+\frac{\partial}{\partial y}\left[D_y\frac{\partial C}{\partial y}\right]+$$

$$\frac{\partial}{\partial z}\left[D_z\frac{\partial C}{\partial z}\right]+S+f(C) \tag{5-19}$$

式中，C 为某种污染物浓度（mg/L）；D_x、D_y、D_z 分别为 x、y、z 方向上的紊动扩散系数（m²/s）；S 为源（汇）项[g/(m²·s)]；$f(C)$ 为污染物生化反应项[g/(m³·s)]。

三维数学模型大多采用 σ 坐标变换，即

$$\sigma=\frac{z-\zeta}{H} \tag{5-20}$$

式中，z、ζ、H 分别为笛卡尔坐标系下的垂向坐标、自由水面水位和水深，经过变换的计算域在垂向上处于 0 和 −1 之间，为网格划分和数值离散带来了方便。

边界条件：在自由水面上，根据表面风应力与流速的关系给定边界条件；在底部，一般根据床面阻力与流速的关系给定边界条件（滑移边界条件）；如果靠近床面布置比较细的网格，也可以给定无滑移边界条件。

方程解法：三维模型的空间离散可以采用有限差分法、有限元法或者有限体积法，时间离散可以采用显格式、隐格式、半隐格式以及时间分步。根据

评价区域的平面、床面形态,计算网格可以采用结构化网格、非结构化网格和动态网格。

适用范围:水深较大,或者需要进行排放口近区精细分析的河流和渠道。

资料需求:突发水环境事件河段流量、水位、河道糙率、水质、河道地形、特征污染物排放强度、特征污染物一级降解系数、特征污染物扩散系数等。

5.1.1.2　湖库

(1)零维均匀混合模型

$$C = \frac{W}{Q + kV} \tag{5-21}$$

式中,C 为完全混合的水中污染物浓度(mg/L);W 为单位时间污染物排放量(g/s);Q 为水量平衡时流入与流出湖库的流量(m^3/s);k 为污染物综合衰减系数(s^{-1});V 为水体体积(m^3)。

适用范围:混合均匀的小型湖泊和水库。

资料需求:出入库流量、特征污染物排放量、特征污染物综合衰减系数、湖库水体体积。

(2)平面二维数学模型

平面二维非恒定水流模型的基本方程为:

$$\frac{\partial Z}{\partial t} + \frac{\partial (uh)}{\partial x} + \frac{\partial (vh)}{\partial y} = q \tag{5-22}$$

$$\frac{\partial (uh)}{\partial t} + \frac{\partial (u^2 h)}{\partial x} + \frac{\partial (uvh)}{\partial y} + gh \frac{\partial Z}{\partial x} = -g \frac{n^2 u}{h^{1/3}} \sqrt{u^2 + v^2} + 2h\theta v \sin \varphi + \frac{1}{\rho} \tau_{\text{w,x}} \tag{5-23}$$

$$\frac{\partial (vh)}{\partial t} + \frac{\partial (uvh)}{\partial x} + \frac{\partial (v^2 h)}{\partial y} + gh \frac{\partial Z}{\partial y} = -g \frac{n^2 v}{h^{1/3}} \sqrt{u^2 + v^2} - 2h\theta u \sin \varphi + \frac{1}{\rho} \tau_{\text{wy}} \tag{5-24}$$

式中,Z 为水位(m);u、v 分别为 x 与 y 方向上的流速(m/s);h 为水深(m);q 为考虑降雨等因素的源(汇)项(m/s);g 为重力加速度(m/s^2);n 为糙率;θ 为

地球自转角速度；φ 为当地纬度；τ_{wx}、τ_{wy} 分别为风应力沿 x 和 y 方向的分量（N/m²），可采用如下公式计算：

$$\begin{cases} \tau_{wx} = \rho_a C_D |\boldsymbol{W}| W_x \\ \tau_{wy} = \rho_a C_D |\boldsymbol{W}| W_y \end{cases} \tag{5-25}$$

式中，ρ_a 为空气密度（kg/m³）；C_D 为阻力系数；$\boldsymbol{W}$ 为离水面 10 m 高处的风速（m/s）；W_x、W_y 分别为 $\boldsymbol{W}$ 沿 x 和 y 方向的分量（m/s）。

平面二维非恒定水质数学模型的基本方程为：

$$\frac{\partial(hC)}{\partial t} + \frac{\partial(uhC)}{\partial x} + \frac{\partial(vhC)}{\partial y} = \frac{\partial}{\partial x}\left[D_x h \frac{\partial C}{\partial x}\right] + \frac{\partial}{\partial y}\left[D_y h \frac{\partial C}{\partial y}\right] + S + hf(C)$$

$$\tag{5-26}$$

式中，h 为水深（m）；C 为某种污染物浓度（mg/L）；D_x、D_y 分别为横向及纵向紊动扩散系数（m²/s）；S 为源（汇）项[g/(m²·s)]；$f(C)$ 为污染物生化反应项[g/(m³·s)]。

边界条件：固边界法向速度为 0，开边界（水边界）采用水位以及流量过程作为边界条件。进行水质计算时，固边界的法向梯度浓度为 0，水边界根据实际条件确定。

初始条件：一般把初始时刻边界上相应的水位作为计算网格点的初始水位，初始流速和浓度初值一般设定为 0，也可以根据已知点流速和浓度进行差值计算，把得到的流速及浓度分布作为初值，以缩短计算收敛的时间。

方程解法：当水体的水流及边界条件比较简单时，可以求得方程的解析解。多数情况下应采用数值解，包括有限差分法、有限元法、有限体积法等，时间离散可以采用显格式、隐格式、半隐格式。根据评价区域的平面形态，计算网格可以采用结构化网格、非结构化网格和动态网格。

适用范围：水体宽度显著大于垂向深度的湖泊和水库。

资料需求：突发水环境事件湖（库）区流量、水位、河道糙率、水质、湖库水下地形、特征污染物一级降解系数、特征污染物排放强度、特征污染物扩散系数等。

（3）立面二维数学模型

如果评价区域水体宽度比较窄,流速、水温或污染物在深度方向上分布具有明显差异,如垂向有回流旋涡、密度分层等,可以采用立面二维模型,描述水流运动的方程组为:

$$\frac{\partial(Bu)}{\partial x}+\frac{\partial(Bw)}{\partial z}=0 \tag{5-27}$$

$$\frac{\partial(Bu)}{\partial t}+\frac{\partial(Bu^2)}{\partial x}+\frac{\partial(Bwu)}{\partial z}+\frac{B}{\rho}\cdot\frac{\partial P}{\partial x}=\frac{\partial}{\partial x}\left[BA_h\frac{\partial u}{\partial x}\right]+\frac{\partial}{\partial z}\left[BA_z\frac{\partial u}{\partial z}\right]-\frac{\tau_{w.x}}{\rho}$$

$$\tag{5-28}$$

$$\frac{\partial P}{\partial z}+\rho g=0 \tag{5-29}$$

式中,u、w 分别为水平和垂直方向的流速分量（m/s）;B 为宽度（m）;P 为压力（N）;ρ 为水体密度（kg/m³）;A_h、A_z 分别为水平和垂直方向的涡粘性系数;$\tau_{w.x}$ 为边壁阻力（N）;g 为重力加速度（m/s²）。

立面二维水质数学模型的基本方程为:

$$\frac{\partial(BC)}{\partial t}+\frac{\partial(BuC)}{\partial x}+\frac{\partial(BwC)}{\partial z}=\frac{\partial}{\partial x}\left[BD_x\frac{\partial C}{\partial x}\right]+\frac{\partial}{\partial z}\left[BD_z\frac{\partial C}{\partial z}\right]+S+Bf(C) \tag{5-30}$$

式中,C 为某种污染物浓度（mg/L）;D_x、D_z 分别为横向以及垂向的紊动扩散系数（m²/s）;S 为源（汇）项[g/(m²·s)];$f(C)$ 为污染物反应项[g/(m³·s)]。

边界条件:水流计算上下游边界分别根据相应流量确定,底部可以根据床面阻力与流速的关系给定边界条件（滑移边界条件）,或者认为底部切向流速等于0（无滑移边界条件）。水质计算上游边界采用污染物浓度过程,下游边界根据实际条件确定,水面浓度梯度等于0。

初始条件:一般设定初始时刻流速和浓度为0,也可以根据实测值进行插值,得到流速及浓度分布作为初值。

方程解法:一般采用数值解,包括有限差分法、有限元法、有限体积法等。

适用范围:水体宽度比较窄,流速、水温或污染物在深度方向上分布具有明显差异的湖泊和水库。

资料需求:突发水环境事件湖(库)区流量、水位、河道糙率、水质、河道地形、特征污染物一级降解系数、特征污染物排放强度、特征污染物扩散系数等。

(4)三维数学模型

描述三维水流运动的方程组为:

$$\frac{\partial u}{\partial x} + \frac{\partial v}{\partial y} + \frac{\partial w}{\partial z} = 0 \tag{5-31}$$

$$\frac{\partial u}{\partial t} + \frac{\partial (u^2)}{\partial x} + \frac{\partial (uv)}{\partial y} + \frac{\partial (uw)}{\partial z} + \frac{1}{\rho} \cdot \frac{\partial P}{\partial x} = \frac{\partial}{\partial x}\left[A_h \frac{\partial u}{\partial x}\right] + \frac{\partial}{\partial y}\left[A_h \frac{\partial u}{\partial y}\right] +$$

$$\frac{\partial}{\partial z}\left[A_z \frac{\partial u}{\partial z}\right] + 2\theta v \sin\varphi \tag{5-32}$$

$$\frac{\partial v}{\partial t} + \frac{\partial (uv)}{\partial x} + \frac{\partial (v^2)}{\partial y} + \frac{\partial (vw)}{\partial z} + \frac{1}{\rho} \cdot \frac{\partial P}{\partial y} = \frac{\partial}{\partial x}\left[A_h \frac{\partial v}{\partial x}\right] + \frac{\partial}{\partial y}\left[A_h \frac{\partial v}{\partial y}\right] +$$

$$\frac{\partial}{\partial z}\left[A_z \frac{\partial v}{\partial z}\right] - 2\theta u \sin\varphi \tag{5-33}$$

$$\frac{\partial P}{\partial z} + \rho g = 0 \tag{5-34}$$

式中,u、v、w 分别为 x、y、z 方向上的速度分量(m/s);P 为压力(N);ρ 为水体密度(kg/m³);A_h、A_z 分别为水平方向和垂直方向的涡粘性系数;θ 为地球自转角速度;φ 为当地纬度;g 为重力加速度(m/s²)。

三维水质数学模型的基本方程为:

$$\frac{\partial C}{\partial t} + \frac{\partial (uC)}{\partial x} + \frac{\partial (vC)}{\partial y} + \frac{\partial (wC)}{\partial z} = \frac{\partial}{\partial x}\left[D_x \frac{\partial C}{\partial x}\right] + \frac{\partial}{\partial y}\left[D_y \frac{\partial C}{\partial y}\right] +$$

$$\frac{\partial}{\partial z}\left[D_z \frac{\partial C}{\partial z}\right] + S + f(C) \tag{5-35}$$

式中,C 为某种污染物浓度(mg/L);D_x、D_y、D_z 分别为 x、y、z 方向上的紊动扩散系数(m²/s);S 为源(汇)项[g/(m²·s)];$f(C)$ 为污染物生化反应项[g/(m³·s)]。

三维数学模型大多采用 σ 坐标变换,即:

$$\sigma = \frac{z-\zeta}{H} \tag{5-36}$$

式中,z、ζ、H 分别为笛卡尔坐标系下的垂向坐标、自由水面水位和水深,经过变换的计算域在垂向上处于 0 和 -1 之间,为网格划分和数值离散带来了方便。

边界条件:在自由水面上,根据表面风应力与流速的关系给定边界条件;在底部,一般根据床面阻力与流速的关系给定边界条件(滑移边界条件);如果靠近床面布置比较细的网格,也可以给定无滑移边界条件。

方程解法:三维模型的空间离散可以采用有限差分法、有限元法或者有限体积法,时间离散可以采用显格式、隐格式、半隐格式以及时间分步。根据评价区域的平面、床面形态,计算网格可以采用结构化网格、非结构化网格和动态网格。

适用范围:水深较大,或者需要进行排放口近区精细分析的湖泊和水库。

资料需求:突发水环境事件湖(库)区流量、水位、河道糙率、水质、湖库水下地形、特征污染物一级降解系数、特征污染物排放强度、特征污染物扩散系数等。

5.1.2 易挥发类污染物

5.1.2.1 Whitman 气-液两相模型

描述气-液两相模型的方程为:

$$\frac{\partial C}{\partial t} = \mathrm{COND}\,\frac{A_s}{V} \cdot f_d \cdot C - K_v C \tag{5-37}$$

式中,C 为水中挥发性污染物的浓度(mg/L);COND 为通过小段水体污染物的传导系数;A_s 为小段水体的表面积($\mathrm{m^2}$);V 为小段水体的体积($\mathrm{m^3}$);f_d 为溶解态污染物质所占比例;K_v为挥发速率常数。

5.1.2.2　WASP 模型(水质分析模拟程序)

WASP 模型可描述为:

$$\frac{\partial C}{\partial t}=\frac{K_v}{D}\left[f_d C-\frac{C_a}{H/RT_k}\right]$$ (5-38)

式中,C 为水中挥发性污染物的浓度(mg/L);K_v为转换速率(m/d);D 为河段水深(m);f_d为溶解态污染物质占比例;C_a为大气中污染物浓度(μg/L);R 为通用气体常数(摩尔气体常数),$R=8.206$ atm/mol;T_k为水体温度(K);H 为挥发性污染物在气液界面分区中的亨利定律系数(atm·m³/mol)。

5.1.2.3　一维水质预测模型

一维水质预测模型的基本方程为:

$$\frac{\partial C}{\partial t}\Delta x\Delta y\Delta z=\left[u_x C+\left(-D_x\frac{\partial C}{\partial x}\right)\right]\Delta y\Delta z-kC\Delta x\Delta y\Delta z-\left[u_x C+\frac{\partial u_x C}{\partial x}\Delta x+\right.$$
$$\left.\left(-D_x\frac{\partial C}{\partial x}\right)+\frac{\partial}{\partial x}\left(-D_x\frac{\partial C}{\partial x}\right)\Delta x\right]\Delta y\Delta z$$ (5-39)

在均匀流场中,u_x 和 D_x 都可以作为常数。将式(5-39)简化,并令 $\Delta x\to 0$,得:

$$\frac{\partial C}{\partial t}=D_x\frac{\partial^2 C}{\partial x^2}-u_x\frac{\partial C}{\partial x}-kC$$ (5-40)

式中,C 为污染物的浓度(mg/L),它是时间 t 和空间位置 x 的函数;D_x 为纵向弥散系数(m²/s);u_x 为断面平均流速(m/s);k 为污染物的衰减速度常数(s^{-1})。

5.1.2.4　一维流场瞬时点源排放的迁移扩散模型

考虑弥散作用,即 $D_x\ne 0$,则一维基本方程可以通过拉普拉斯变换及其

逆变换求解。相应的初始条件为 $L(0, s) = C_0$ 和 $L(\infty, s) = 0$,则

$$C(x, t) = \frac{u_x C_0}{\sqrt{4\pi D_x t}} \exp\left[-\frac{(x - u_x t)^2}{4 D_x t}\right] \exp(-kt) \tag{5-41}$$

式中,C_0 为起点浓度,在挥发性污染物瞬时排放时,$C_0 = \dfrac{M}{Q}$,$Q = A u_x$,则

$$C(x, t) = \frac{M}{A\sqrt{4\pi D_x t}} \exp\left[-\frac{(x - u_x t)^2}{4 D_x t}\right] \exp(-kt) \tag{5-42}$$

式中,M 为挥发性污染物瞬时投加量;A 为河流断面面积(m^2)。

5.1.2.5　二维水质预测模型

$$\frac{\partial C}{\partial t} = D_x \frac{\partial^2 C}{\partial x^2} + D_y \frac{\partial^2 C}{\partial y^2} - u_x \frac{\partial C}{\partial x} - u_y \frac{\partial C}{\partial y} - kC \tag{5-43}$$

式中,C 为某种污染物浓度(mg/L);u_x、u_y 分别为 x、y 方向的速度分量;D_x 为源(汇)项[$\text{g/(m}^2 \cdot \text{s)}$];$k$ 为污染物综合衰减系数(s^{-1})。

5.1.2.6　二维流场瞬时点源排放的迁移扩散模型

假定所研究的二维平面是 x、y 平面,在无边界阻碍的情况下,边界条件为:当 $y = \pm\infty$ 时,$\dfrac{\partial C}{\partial y} = 0$。这时瞬时点源二维模型的迁移扩散模型为

$$C(x, y, t) = \frac{M}{4 u_x h \sqrt{D_x D_y t^2}} \exp\left[-\frac{(x - u_x t)^2}{4 D_x t} - \frac{(y - u_y t)^2}{4 D_y t}\right] \exp(-kt) \tag{5-44}$$

式中,u_y 表示 y 方向的速度分量(m/s);D_y 表示 y 方向的弥散系数(m^2/s);h 表示平均扩散深度(m);其余符号意义同前。

如果挥发性污染物的扩散受到边界的影响,需要考虑边界的反射作用。此时二维流场的迁移扩散模型为

$$C(x, y, t) = \frac{M\exp(-kt)}{4 u_x h \sqrt{D_x D_y t^2}} \left\{\exp\left[-\frac{(x - u_x t)^2}{4 D_x t} - \frac{(y - u_y t)^2}{4 D_y t}\right] + \right.$$

$$\left. \exp\left[-\frac{(x - u_x t)^2}{4 D_x t} - \frac{(2b + y - u_y t)^2}{4 D_y t}\right]\right\} \tag{5-45}$$

式中,b 为点源到边界的距离(m)。

当污染源在岸边时,即 $b = 0$ 时,浓度计算公式为

$$C(x,y,t) = \frac{M\exp(-kt)}{2u_x h\sqrt{D_x D_y t^2}}\exp\left[-\frac{(x-u_x t)^2}{4D_x t}-\frac{(y-u_y t)^2}{4D_y t}\right] \quad (5\text{-}46)$$

5.1.2.7　二维流场连续点源排放的迁移扩散模型

考虑污染源在边界上,排污宽度为 B 的渠道。在这种情况下,由于两个边界的反射,故形成连锁反射。采用影像源法求得的迁移扩散模型如下:

$$C(x,y) = \frac{2M}{uh\sqrt{\dfrac{4\pi D_y x}{u}}} \cdot \exp\left[-\frac{kx}{u}\right] \cdot \left\{\exp\left[-\frac{uy^2}{4D_y x}\right]+\right.$$

$$\left. \sum_{n=1}^{\infty}\exp\left[-\frac{u(2nB-y)^2}{4D_y x}\right]+\sum_{n=1}^{\infty}\exp\left[-\frac{u(2nB+y)^2}{4D_y x}\right]\right\} \quad (5\text{-}47)$$

式中,M 为挥发性污染物的瞬时排放量。

5.1.3　油类污染物

5.1.3.1　Fay(费依)扩展模型

Fay 扩展模型考虑溢油重力、惯性力、黏性力和表面张力在不同扩展阶段所起的作用,忽略排放或泄漏情景对溢油的影响,建立起溢油扩展分阶段模式,公式如下:

$$\text{重力-惯性力阶段:} D = k_1 \cdot (\Delta g \cdot V_o)^{\frac{1}{4}} \cdot t^{\frac{1}{2}} \quad (5\text{-}48)$$

$$\text{重力-黏性力阶段:} D = k_2 \cdot \left[\frac{\Delta g \cdot V_o^2}{\mu_w^{\frac{1}{2}}}\right]^{\frac{1}{6}} \cdot t^{\frac{1}{4}} \quad (5\text{-}49)$$

$$\text{黏性力-表面张力阶段:} D = k_3 \cdot \left(\frac{\sigma}{\rho_w \cdot \mu_w^{\frac{1}{2}}}\right) \cdot t^{\frac{1}{4}} \quad (5\text{-}50)$$

式中，V_o 为油粒子体积（m^3）；ρ_o、ρ_w 分别为油和水的密度（t/m^3）；μ_w 为水的运动黏性系数；σ 为表面张力系数（N/m）；k_1、k_2、k_3 分别为 1.14、1.45、2.30。

5.1.3.2 输移扩散模型

采用拉格朗日粒子追踪法的输移扩散方程如下：

$$\frac{\partial C}{\partial t}+\frac{\partial uC}{\partial x}+\frac{\partial vC}{\partial y}+\frac{\partial wC}{\partial z}=\frac{\partial}{\partial x}\left[K_H\frac{\partial C}{\partial x}\right]+\frac{\partial}{\partial y}\left[K_H\frac{\partial C}{\partial y}\right]+\frac{\partial}{\partial z}\left[K_V\frac{\partial C}{\partial z}\right]$$

$$(5\text{-}51)$$

式中，t 为时间（s）；C 为污染物浓度（mg/L）；(x,y,z) 为粒子的拉格朗日坐标；u、v、w 分别为不同方向流体的速度（m/s）；K_H、K_V 分别为平面和垂向的扩散系数。

5.1.3.3 吸附模型

河岸对溢油的吸附作用分三种情况：完全吸附、完全反射和部分吸附。为了使模型简单明了，只考虑完全吸附和完全反射。设油粒子被吸附的概率为 P，当 $P=1$ 时，表明该油粒子被河岸完全吸附；当 $P=0$ 时，表明该油粒子被河岸完全反射。计算公式如下：

$$P=\begin{cases}1, & [R_n]_0^1<\eta_a, \\ 0, & [R_n]_0^1\geqslant\eta_a,\end{cases}\qquad \eta_a=\frac{A_m-A}{A_m}\qquad(5\text{-}52)$$

式中，$[R_n]_0^1$ 是 $[0,1]$ 之间均匀分布的随机数；η_a 为吸附率；A_m 为某区域河岸最大的吸附能力；$A=\sum V_p$ 为某区域河岸已经吸附的溢油。

5.2 暴露评估常用模型

5.2.1 水-空气-沉积物交换（QWASI）模型

QWASI(Quantitative Water Air Sediment Interaction)模型由加拿大环境模型与化学中心(Canadian Center for Environmental Modeling and Chemistry，CEMC)开发，是结合了空气-水以及沉积物-水交换模型合并而成的定量描述水体、空气和沉积物相互作用的模型，主要进行湖（库）类水体中污染物的环境暴露归趋模拟。QWASI 模拟的环境区间包括充分混合的沉积物区间、充分混合的水体区间以及定义恒定浓度的空气区间。QWASI 模型需要输入的参数包括污染物的理化性质参数和环境参数。其中环境参数是重点，包括湖泊尺寸、水体进出流量、湖水中颗粒物浓度、空气中气溶胶浓度、表层沉积物固体体积分数、大气沉积参数等。模型计算结果输出包括污染物在湖泊水体各介质中的浓度、停留时间、迁移速率等。

5.2.2 生物富集（FISH）模型

FISH 模型由 CEMC 开发，是基于逸度的经典生物富集模型，适用于中性有机物，不适用于可电离化合物。FISH 模型主要模拟鱼类对污染物的稳态摄取（呼吸和摄食）和各种清除过程（鳃转移、粪便排泄、代谢转化和生长稀释等过程）。FISH 模型输入污染物的理化参数和水中悬浮颗粒参数，以及鱼体积、脂肪含量、摄食速率、生长速率等生物体参数。FISH 模型计算结果输出包括生物浓缩因子（BCF）、生物累积因子（BAF）和生物放大因子（BMF）等。

5.2.3 食物网（FOOD WEB）模型

FOOD WEB 模型是 FISH 模型的扩展，模拟水生态系统中污染物的质量平衡。FOOD WEB 模型以捕食者-猎物的矩阵形式模拟水生态环境中的食物网，假定浮游生物相的逸度与水相相同，食物链逐级传递到无脊椎动物、小鱼及各营养级别的大鱼。模型计算结果输出为污染物在各营养级别中的浓度，以及各种摄取和清除过程的通量。

5.2.4 水生态毒理（AQUATOX）模型

AQUATOX 模型由美国环保署（USEPA）开发，是一个综合水生态系统评估模型。AQUATOX 模型能将水生态系统中污染物（例如有毒化学物质、营养物质等）的环境迁移转化归趋过程和生态效应结合起来进行表征。AQUATOX 模型可以同时计算模拟评估时段内每天发生的每一个重要化学或生物学过程，模拟生物量、能量及化学物质从生态系统一个组成部分到另一个组成部分的转移。该模型既可以作为一个简单的模型，以模拟无生命的多介质环境暴露与归趋；也可以作为十分复杂的食物网模型，以模拟生物体之间、生物体与非生命环境之间的相互作用。因此，AQUATOX 模型有可能建立起水质、生物响应、水生态系统服务之间的因果关系链。

AQUATOX 模型描述的有机毒物的迁移转化过程包括有机毒物在生物体、悬浮及沉积的腐殖质、悬浮及沉积的无机沉积物和水之间的分配，有机毒物的挥发、水解、光解、离子化以及生物降解作用。AQUATOX 模型描述的生态效应部分包括各种被模拟生物体的急慢性毒性作用；间接生物效应，如放牧和捕食行为、生物碎屑增加、来自死亡生物体的营养再循环、因逐渐增加的分解作用而导致溶解氧的减少、动物的基本食物丧失等。AQUATOX 模型可单独或同时模拟植物和动物。植物相分为硅藻、绿藻、蓝绿藻及其他藻类(大型植物),动物相分为食碎屑者、食底泥者、食浮游物者、食草者、掠食性无脊椎动物、植食鱼、底栖鱼、掠食鱼、游钓鱼等。AQUATOX 模型允许用户指定多个营养层,可以模拟复杂食物网。该模型已被成功用来模拟溪流、小型河流、池塘、湖泊和水库。AQUATOX 模型早年被广泛用于北美地区水体中有机氯农药、多环芳烃、多氯联苯及酚类化合物的生态效应评价。在我国,这一模型曾被用来评价松花江硝基苯污染事件和大连石油泄漏事件造成的潜在环境影响。近年来,改进的 AQUATOX 模型已经很好地应用于美国的环境损害评估案例,如在墨西哥湾漏油事故中模拟确认事故造成的近岸物理生境改变。

第6章 水生态系统服务功能评估

对于地表水与沉积物环境质量及其水生态系统服务功能无法自然或通过工程恢复至基线水平,没有可行的补偿性恢复方案补偿期间损害,或没有可用的补充性恢复方案将未完全恢复的地表水与沉积物环境质量及其水生态系统服务功能恢复至基线水平或补偿期间损害时,需要根据评估区的生态系统服务功能,利用直接市场价值法、揭示偏好法、效益转移法、陈述偏好法等方法,对不能恢复或不能完全恢复的生态系统服务功能及其期间损害进行价值量化。针对水生态系统服务功能目前还缺乏相关技术规定的问题,结合《生态环境损害鉴定评估技术指南 环境要素 第2部分:地表水和沉积物》(GB/T 39792.2—2020)编制单位——生态环境部环境规划院在生态系统服务价值核算方面积累的经验以及相关技术规范,《生态环境损害鉴定评估技术指南 环境要素 第2部分:地表水和沉积物》(GB/T 39792.2—2020)资料性附录A中提出了常见地表水生态服务功能损害评估方法,资料性附录B中提出了常用地表水生态环境修复和恢复技术适用条件与技术性能。

6.1 恢复方案的制定

损害情况发生后,如果地表水与沉积物中的污染物浓度在两周内恢复至基线水平,水生生物种类、形态和数量以及水生态系统服务功能未观测到明显改变,采用实际治理成本法统计处置费用。

如果地表水与沉积物中的污染物浓度不能在两周内恢复至基线水平,或者能观测或监测到水生生物种类、形态、质量和数量以及水生态系统服务功能明显改变,应判断受损的地表水与沉积物、水生生物以及水生态系统服务功能是否能通过实施恢复措施进行恢复。如果可以,基于等值分析方法,制定基本恢复方案,计算期间损害,制定补偿性恢复方案;如果制定的恢复方案未能将地表水与沉积物完全恢复至基线水平并补偿期间损害,制定补充性恢复方案。

如果受损地表水与沉积物、水生生物以及水生态系统服务功能不能通过实施恢复措施进行恢复或完全恢复到基线水平,或不能通过补偿性恢复措施补偿期间损害,基于等值分析原则,采用环境资源价值评估方法对未予恢复的地表水与沉积物环境、水生生物资源以及水生态系统服务功能损失进行计算。

6.1.1 恢复目标确定

基本恢复的目标是将受损的地表水与沉积物环境、水生生物以及水生态系统服务功能恢复至基线水平。如果由于现场条件或技术可达性等限制原因,地表水与沉积物环境、水生生物以及水生态系统服务功能不能完全恢复至基线水平,根据水功能规划,确定基本恢复目标。基本恢复目标低于基线水平的,根据环境资源价值量化方法计算相应的损失。

补偿性恢复的目标是补偿受损地表水与沉积物环境、水生生物以及水生态系统服务功能恢复至基线水平期间的损害。

如果由于现场条件或技术可达性等限制原因,地表水与沉积物环境、水生生物以及水生态系统服务功能的基本恢复方案实施后未达到基本恢复目标或补偿性恢复方案未达到补偿期间损害的目标,则应开展补充性恢复或者采用环境资源价值量化方法计算相应的损失。

对于水生态系统受到影响的事件，选择具有代表性的水生生物、水生态系统服务功能作为恢复目标。

6.1.2　恢复技术筛选

地表水和沉积物损害的恢复技术包括地表水治理技术、沉积物修复技术、水生生物恢复技术、水生态系统服务功能修复与恢复技术。在掌握不同恢复技术的原理、适用条件、费用、成熟度、可靠性、恢复时间、二次污染和破坏、技术功能、恢复的可持续性等要素的基础上，参照类似案例经验，结合地表水与沉积物污染特征，水生生物和水生态系统服务功能的损害程度、范围和特征，从主要技术指标、经济指标、环境指标等方面对各项恢复技术进行全面分析比较，确定备选技术；或采用专家评分的方法，通过设置评价指标体系和权重，对不同恢复技术进行评分，确定备选技术。提出一种或多种备选恢复技术，通过实验室小试、现场中试、应用案例分析等方式对备选恢复技术进行可行性评估。基于恢复技术比选和可行性评估结果，选择和确定恢复技术。

常用地表水与沉积物环境及水生态系统服务功能修复和恢复技术适用条件与技术性能见表6-1。

表6-1 常用地表水与沉积物环境及水生态系统服务功能修复和恢复技术适用条件与技术性能

恢复技术	技术功能	目标污染物	适用性	成本	成熟度	可靠性	二次污染和破坏
曝气增氧技术	向处于缺氧(或厌氧)状态的河道进行人工充氧,增强河道的自净能力,净化水质,改善或恢复河道的生态环境	有机污染物	在污水截流管道和污水处理厂建成之前,为解决河道水体的有机污染问题而进行人工充氧;在已治理的河道中设立人工曝气装置作为应对突发性污染的应急措施	设备简单、机动灵活、安全可靠,操作便利,适应性广,见效快,但河道曝气增氧-复氧成本较大	该技术在国外应用已经非常成熟。国内除了在北京、上海等地的小河道治理中使用过外,尚未在大规模河道综合治理中应用	非常适合于城市景观河道和微污染污水源治理	对水生态不产生二次污染和破坏
生态浮床技术	将植物种植于浮于水体面的床体上,利用植物根系和植物根系附着生物的降解作用有效进行水体修复	总磷、氨氮、有机物等	适用于富营养化水体的原位修复,受植物的季节性影响严重	投资成本低,运营成本高	技术相对成熟,国内有一定的应用案例	技术可靠	部分植物有造成生物入侵的风险
引水冲污/换水稀释技术	通过加强沉积物-水体间物质交换,缩短污染物滞留时间,从而降低污染物浓度指标,死水区、非主流区重的污水得到置换,改善河道水质	无机和有机污染物	适用于水资源丰富的地区。通常作为应急措施或者辅助方法	需要耗费大量优质水资源。引水工程量较大,费用较高	在国内外湖泊富营养化治理中有所应用,对于污染严重的河流缓慢的河流也可考虑采用	技术可靠	没有从根本上去除污染物质,增加了河道的水体量,对下游会造成一定的冲击,污染物随着水流进入下游,将影响下游的水质和负荷

续表

恢复技术	技术功能	目标污染物	适用性	成本	成熟度	可靠性	二次污染和破坏
底泥疏浚技术	去除底泥所含的污染物，消除水体的内源，减少底泥污染物向水体的稀释	氮、磷、重金属、有毒有害有机物	实施的基础和前提条件是湖泊和河流外源必须得到有效控制和治理，否则无法达到改善水质的持续，也就无法达到疏浚的数据目的；生态的局部区域重要原则之一是局部底泥污染，优先在底泥污染重、释放量大的河段与湖区开展底泥疏浚；需与生态重建有机结合才能达到良好的效果	工程量大，成本高	成熟度高，在国内外已经得到广泛的工程应用	技术可靠	疏浚过深将破坏原有生态系统；对于清除的后续底泥要进行处理，处理不当易引起二次污染
化学絮凝技术	通过投加化学药剂去除水中污染物以达到改善水质的污水处理技术	磷、重金属等	适用于突发水环境事件临时应急措施	工程量大，成本高	成熟度较高，国内多次应用在突发环境事件应急处置中，如镉污染、锑污染等	技术可靠、快速高效	处理效果易受水体环境变化的影响，且必须顾及化学药剂对水生生物的毒性及对水生态系统的二次污染，应用具有很大的局限性

续表

恢复技术	技术功能	目标污染物	适用性	成本	成熟度	可靠性	二次污染和破坏
生物膜法技术	结合河道污染特点及土著微生物类型和生长特点，培养适宜的条件使微生物或附着生长在固体填料载体表面，生成胶质相连的生物膜。通过水的流动和空气的搅动，生物膜接触污水中的有机污染物不断和水溶解氧接触，污水中的有机污染物为生物膜所吸收，从而使生物膜上的微生物生长壮大	溶解性的和胶体状态的有机污染物	微生物群体通过摄取有机物，在一定范围内繁殖并培养出菌群，可持续性地去除水中污染物。生物膜法的适应能力很强，能根据水质、水文、水量的变化而发生变化，消化能力与处理能力较好	投资运营费用较高，实施时需要大量的投资及一定的技术和管理经费	用于河流净化的生物膜技术在国外研究较多，尤其是日本，已在工程实践中运用多种生物膜技术对污染严重的中小河流进行净化	能有效去除污染水体中的有机物，和氨氮可以大大改善水质	该技术未改变有地表水体原有的生态系统，不会造成二次污染和破坏

续表

恢复技术	技术功能	目标污染物	适用性	成本	成熟度	可靠性	二次污染和破坏
人工湿地技术	湿地修建在河道周边，或利用地势高低部分河水引入到生长有芦苇、香蒲等水生植物的湿地上，污水在沿一定方向流动过程中，经过水生植物和土壤的作用净化后回到原水体	氮、磷、重金属等污染物	污水处理系统的组合具有多样性和针对性，减少或减缓外界因素对处理效果的影响；可以和城市景观建设紧密结合，起到美化环境的作用。受气候条件限制较大；设计、运行参数不精确，容易产生淤积、饱和现象；对地面积较大，占地恶劣气候条件下净化能力弱；条件防御能力受生长成熟程度的影响大	投资费用低，建设、运行成本低，处理过程能耗低	该技术已经非常成熟，在国内外有广泛的工程应用	污水处理效果稳定、可靠	位置选择不当或处理能力不满足实际需求时，会污染周围土壤和地下水

续表

恢复技术	技术功能	目标污染物	适用性	成本	成熟度	可靠性	二次污染和破坏
微生物直接投放法净化技术	利用微生物唤醒或激活河道、污水中原本存在的可以净化水体但被抑制的微生物,从而有效发挥功效,降解水体中的污染物	氮、磷、重金属等污染物	当河流污染严重而又缺乏有效微生物作用时,投加微生物能有效促进有机污染物降解。适合湖库类水体大量暴发前使用,可弥补微生物制剂见效时间较长的缺点	工程量小,投资成本高	技术相对成熟,国内外均有应用	受限于微生物适应性和水体特点,修复效果不一	所投加的微生物若含有病原菌等有害微生物,会破坏水体原生生态系统
砾间接触氧化技术	通过在河流中放置一定量填充石做河流充填层,增加河流断面上微生物的附着膜层数,水中污染物在砾石间流动过程中与砾石上附着的生物膜接触沉淀	—	适用于污染物浓度较低的河流,当水体BOD(生化需氧量)高于30 mg/L时,应增加曝气系统	投资和运行成本低	该技术在国外应用已经非常成熟,在日本和韩国有成熟的工程应用案例	技术可靠	对水生态不产生二次污染和破坏

续表

恢复技术	技术功能	目标污染物	适用性	成本	成熟度	可靠性	二次污染和破坏
河道稳定塘技术	利用植被的天然净化处理能力净化污水，实现水体净化	—	可利用河边的洼地构建稳定塘，对于中小河流（不通航，不泄洪）可直接在河道上筑坝拦截滞留。江南地区的水面种植水生植物、养殖鱼、贝、虾等，建立复合的多级稳定塘系统	投资较少	成熟度高，国内外已经得到广泛工程应用	具有统一和调和微生物水生植物的功能，修复效果好	对水生态不产生二次污染和破坏
河床生态构建技术	通过埋石法、抛石法、固床工法、粗柴沉床法等巨石或柴料等方式将固定石头置于河床上，营造水生生物生长和微生物生长的河床，改善水体生态系统	—	埋石法一般用于水流湍急目河床基础坚固的地区	投资费用低，运行过程能耗低	成熟度高，国内外已经得到工程应用	能有效改善水生体和微生物生长环境	重构水生态系统，对水生态产生二次污染和破坏

续表

恢复技术	技术功能	目标污染物	适用性	成本	成熟度	可靠性	二次污染和破坏
增殖放流技术	增加水生生物数量	—	地表水体中鱼虾类等水生生物数量因受到损害而降低,可采用增殖放流的措施进行恢复。具体方法参考《水生生物增殖放流技术规程》(SC/T 9401—2010)	对水域条件、苗种来源、亲体来源、苗种培育等有严格要求,技术要求较高,成本较大	该技术在国内应用成熟,具有相关技术规程	适合鱼虾等水生物数量受到严重损,且适合进行恢复的情况	对水生态不产生二次污染和破坏
河道整治	按照河道演变规律,恢复河道稳定结构,改善河道边界条件,水流态和生态环境的治理活动	—	因非法采砂等生态破坏行为造成河岸、河床、河滩地等结构受损,威胁水文情势安全及水生生物栖息与生存环境,具体方法参考《河道整治设计规范》(GB 50707—2011)	操作较简单,成本较高	该技术在国内应用成熟,具有相关技术规程	适合河道结构遭受破坏,需通过工程措施(如回填河道等)恢复河道结构到稳定状态	有产生二次污染和破坏的风险

续表

恢复技术	技术功能	目标污染物	适用性	成本	成熟度	可靠性	二次污染和破坏
物种孵化技术	采用人工孵化技术,对受损物种进行恢复,增加物种数量	—	适合于受损数量的物种恢复,技术措施选择包括饲养场布局、养舍、孵化室、育雏室、饲养等	需要一定的场地空间,并进行笼舍建设等,成本较高。技术水平及环境条件要求较高	该技术在国内应用成熟,具有相关技术规程	非常适合动物物种数量及种群的恢复	无产生二次污染和破坏风险
洄游通道	通过恢复河道自然连通,增设鱼洄游等措施,构建洄游性鱼类洄游通道,恢复其自然繁殖环境和条件	—	适合于因大坝等水利工程建设阻挡鱼类洄游通道,导致洄游性鱼类的洄游减少或消失的情况。通过恢复洄游通道,保证其洄游路线畅通,促进其自然繁殖、栖息	需通过河道整治,在水利工程处补建洄游通道、保证水体质量等措施,重建洄游通道,成本较高	综合了多方面的技术措施,成本较高	适合鱼类洄游通道恢复	无产生二次污染和破坏风险

续表

恢复技术	技术功能	目标污染物	适用性	成本	成熟度	可靠性	二次污染和破坏
营建人工岛繁殖（栖息地建设）	针对部分水生生物、集群营巢的鸟类（如鸥、燕鸥等）、水生哺乳动物等，可以通过岸滩修复、修建岛屿、渔业资源增殖放流等来帮助创造营巢地、栖息地，改善水域生态状况，创造适宜动物栖息的空间	—	适用于水生生物、水禽栖息地受到破坏导致种群数量减少和一些种群数量减少的情况。通过人工繁殖物种种群数量增长与恢复	需要一定场地空间，并建立适宜环境，且需要适当的栖息地监测维护措施，成本较高	针对不同物种栖息地建设，国内外均有一定的成功方案例。针对不同物种栖息地建设发展及成熟水平不一。部分物种栖息地建设较为成熟，而针对地表水体的水生生物栖息地建设缺少成熟的技术规范	适合水禽和水生哺乳动物等数量和种群的恢复	无产生二次污染和破坏风险
自然衰减+监测技术	利用地表水体的自净、污染物减少以及水生态系统的自然恢复、衰退等能力，实现地表水生态修复和恢复，同时对地表水、沉积物以及水生生物等进行定期监测和监控	—	适用范围较窄，一般适用于污染程度较低、污染能力较强的区域，且不适用于对地表水生态环境恢复时间要求较短的情况	主要为地表水、沉积物和水生生物监测产生的费用，成本较低	作为一种有效的方法在世界范围内得到应用	取决于污染程度、污染物自然衰减能力以及生态系统自我修复能力	一般不会对水生态产生二次污染和破坏

6.1.3　恢复方案确定

根据确定的恢复技术,可以选择一种或多种恢复技术进行组合,制定备选的综合恢复方案。综合恢复方案可能同时涉及基本恢复方案、补偿性恢复方案和补充性恢复方案,可能的情况包括:

(1)仅制定基本恢复方案,不需要制定补偿性和补充性恢复方案:损害持续时间短于或等于一年,现有恢复技术可以使受损的地表水与沉积物环境、水生生物以及水生态系统服务功能在一年内恢复到基线水平,经济成本可接受,不存在期间损害。

(2)需要分别制定基本恢复方案和补偿性恢复方案:损害持续时间长于一年,有可行的恢复方案使受损的地表水与沉积物环境、水生生物以及水生态系统服务功能在一年以上较长时间内恢复到基线水平,实施成本与恢复后取得的收益相比合理,存在期间损害。

补偿性恢复方案包括恢复具有与评估水域类似生态系统服务功能水平的异位恢复,使受损水域具有更高生态系统服务功能水平的原位恢复,达到类似生态系统服务功能水平的替代性恢复。比如,如果受污染的沉积物在经过风险评估后确定不需要修复,那么可以采取以下措施:一是对另一条工程量相同的被污染河流沉积物进行异位修复;二是通过在原位修建孵化场来培育出比基线种群数量更多的水生生物;三是通过修建公共污水处理设施来替代因污染导致的地表水自然恢复能力的损失,实现资源对等或服务对等的目标,并根据当地的具体情况,制定合适的水环境、水生生物或水生态恢复方案。制定补偿性恢复方案时应采用损害程度和范围等实物量指标,如污染物浓度、生物资源数量、河流或湖库的长度或面积。

(3)需要分别制定基本恢复方案、补偿性恢复方案和补充性恢复方案:有可行的恢复方案使受损的地表水与沉积物环境、水生生物、水生态系统服务功能在一年以上较长时间内恢复到基线水平,实施成本与恢复后取得的收益相比合理,存在期间损害,需要制定补偿性恢复方案;基本恢复和补偿性恢复方案实施后未达到既定恢复目标的,需要进一步制定补充性恢复方案,使受损的地表水与沉积物环境、水生生物、水生态系统服务功能实现既定的基本恢复和补偿性恢复目标。

(4)现有恢复技术无法使受损的地表水与沉积物环境、水生生物、水生态系统服务功能恢复到基线水平,或只能恢复部分受损的地表水与沉积物环境以及水生态系统服务功能,通过环境资源价值评估方法对受损地表水与沉积物环境、水生生物、水生态系统服务功能以及相应的期间损害进行价值量化。

由于基本恢复方案和补偿性恢复方案的实施时间与成本相互影响,应考虑损害的程度与范围、不同恢复技术和方案的难易程度、恢复时间和成本等因素,对综合恢复方案进行比选。参阅《环境损害鉴定评估推荐方法(第Ⅱ版)》(环办〔2014〕90号)附录 B。

综合恢复方案的筛选应统筹考虑地表水和沉积物环境质量、水生生物资源以及其他水生态系统服务功能的恢复,并结合不同方案的成熟度、可靠性、二次污染、社会效益和经济效益等因素确定,参阅《生态环境损害鉴定评估技术指南 总纲和关键环节 第 2 部分:损害调查》(GB/T 39791.2—2020)附录 C 表 C.15。综合分析和比选不同备选恢复方案的优缺点,确定最佳恢复方案。

6.1.4 恢复费用计算

需要对恢复费用进行计算时,根据地表水与沉积物环境、水生生物、水生态系统服务功能的基本恢复、补偿性恢复和补充性恢复方案,按照下列优先级顺序选用计算方法,计算恢复方案实施所需要的费用。

6.1.4.1　实际费用统计法

实际费用统计法适用于污染清理、控制、修复和恢复措施已经完成或正在进行的情况。收集实际发生的费用信息,参照《生态环境损害鉴定评估技术指南　总纲和关键环节　第 2 部分:损害调查》(GB/T 39791.2—2020)附录 C 表 C.14,并对实际发生费用的合理性进行审核后,将统计得到的实际发生费用作为恢复费用。

6.1.4.2　费用明细法

费用明细法适用于工程方案比较明确,各项具体工程措施及其规模比较具体,所需要的设施、材料、设备等比较确切,各要素的成本比较明确的情况。费用明细法应列出具体的工程措施、各项措施的规模,明确需要建设的设施以及需要用到的材料和设备的数量、规格和能耗等内容,根据各种设施、材料、设备、能耗的单价,列出工程费用明细。具体包括投资费、运行维护费、技术服务费、固定费用。投资费包括场地准备、设施安装、材料购置、设备租用等费用;运行维护费包括检查维护、监测、药剂等易耗品购置、系统运行水电消耗和其他能耗、污泥和废弃物处理处置等费用;技术服务费包括项目管理、调查取样和测试、质量控制、试验模拟、专项研究、方案设计、报告编制等费用;固定费用包括设备更新、设备撤场、健康安全防护等费用。

6.1.4.3　承包商报价法

承包商报价法适用于工程方案比较明确,各项具体工程措施及其规模比较具体,所需要的设施、材料、设备等比较确切,但各要素的成本不确定的情况。承包商报价法应选择 3 家或以上符合要求的承包商,由承包商根据恢复目标和恢复方案提出报价,对报价进行综合比较,确定合理的恢复费用。

6.1.4.4 指南或手册参考法

指南或手册参考法适用于已经筛选确定恢复技术，但具体工程方案不明确的情况。基于所确定的恢复技术，参照相关指南或手册，确定技术的单价。根据待治理的地表水与沉积物量、水生生物和水生态系统恢复量，计算恢复费用。

6.1.4.5 案例比对法

案例比对法适用于恢复技术和工程方案不明确的情况。调研与项目规模、污染特征、生态环境条件相类似且时间较为接近的案例，基于类似案例的恢复费用，计算本项目可能的恢复费用。

6.2 环境资源价值量化方法

6.2.1 实际治理成本法

对于污染清理、控制、修复和恢复措施已经完成或正在进行的情况，如通过应急处置措施得到有效处置、没有产生二次污染影响的突发水环境污染事件，应该采用实际治理成本法计算生态环境损害。

6.2.2 虚拟治理成本法

对于向水体排放污染物的事实存在，但由于生态环境损害观测或应急监测不及时等原因导致损害事实不明确或生态环境已自然恢复，或者不能通过恢复工程完全恢复的生态环境损害，或者实施恢复工程的成本远远大于其收益的情形,采用虚拟治理成本法计算生态环境损害。具体参照《生态环境损害鉴定评估技术指南 基础方法 第2部分:水污染虚拟治理成本法》(GB/T 39793.2—2020)。

6.2.3 其他环境资源价值量化方法

对于地表水与沉积物环境质量及其水生态系统服务功能无法自然或通过工程恢复至基线水平,没有可行的补偿性恢复方案补偿期间损害,或没有可用的补充性恢复方案将未完全恢复的地表水与沉积物环境质量及其水生态系统服务功能恢复至基线水平或补偿期间损害时,需要根据评估区的生态系统服务功能,采用直接市场价值法、揭示偏好法、效益转移法、陈述偏好法等方法,对不能恢复或不能完全恢复的生态系统服务功能及其期间损害进行价值量化。

对于以水产品养殖为主要服务功能的水域,建议采用市场价值法计算水产品养殖生产服务损失;对于以水资源供给为主要服务功能的水域,建议采用水资源影子价格法计算水资源功能损失;对于以生物多样性和自然人文遗产维护为主要服务功能的水域,建议采用恢复费用法计算支持功能损失,当恢复方案不可行时,建议采用支付意愿法、物种保育法计算;对于砂石开采影响地形地貌和岸带稳定的情形,建议采用市场价值法计算砂石资源直接经济损失,采用恢复费用(实际工程)法计算岸带稳定支持功能损失;对于航运支持功能的影响,建议采用市场价值法计算直接经济损失;对于洪水调蓄、水质净化、气候调节、土壤保持等调节功能的影响,建议采用恢复费用法计算,当恢复方案不可行时,建议采用替代成本法计算调节功能损失;对于以休闲娱乐、景观科研为主要服务功能的水域,建议采用旅行费用法计算文化服务损失,当旅行费用法不可行时,建议采用支付意愿法计算。

常见水生态服务功能价值量化方法参阅《生态环境损害鉴定评估技术指

南　环境要素　第2部分:地表水和沉积物》(GB/T 39792.2—2020)附录A。如果采用非指南推荐的方法进行环境资源价值量化评估,需要详细阐述方法的合理性。

6.3　地表水与沉积物恢复效果评估

制定恢复效果评估计划,通过采样分析、现场观测、问卷调查等方式,定期跟踪地表水与沉积物环境以及水生态系统服务功能的恢复情况,全面评估恢复效果是否达到预期目标;如果未达到预期目标,应进一步采取相应措施,直至达到预期目标。

6.3.1　评估时间

恢复方案实施完成后,地表水与沉积物的物理、化学和生物学状态以及水生态系统服务功能基本达到稳定时,对恢复效果进行评估。

地表水恢复效果通常采用一次评估,沉积物与水生态系统服务功能恢复效果通常需要结合污染物特征、恢复方案实施进度、水生态系统服务功能恢复进展进行多次评估,直到沉积物环境质量与水生态系统服务功能完全恢复至基线水平,至少持续跟踪监测12个月。

6.3.2　评估内容和标准

恢复过程合规性,即恢复方案实施过程是否满足相关标准规范要求,是否产生二次污染。

恢复效果达标性,即根据基本恢复、补偿性恢复、补充性恢复方案中设定的恢复目标,分别对基本恢复、补偿性恢复、补充性恢复的效果进行评估。

恢复效果评估标准参照《生态环境损害鉴定评估技术指南 环境要素第 2 部分:地表水和沉积物》(GB/T 39792.2—2020)第 8.2 节确定的恢复目标。

6.3.3 评估方法

6.3.3.1 现场踏勘

通过现场踏勘,了解地表水与沉积物环境质量以及水生态系统服务功能恢复进展情况,判断地表水与沉积物是否仍有异常气味或颜色,观察关键水生态系统服务功能指标的恢复情况,确定监测、观测与调查时间、周期和频次。

6.3.3.2 监测分析

根据恢复效果评估计划,对恢复后的地表水与沉积物进行采样监测,分析地表水与沉积物污染物浓度等指标,开展生物调查以及水生态系统服务功能调查。调查应覆盖全部恢复区域,并基于恢复方案的特点制定分别针对地表水与沉积物环境以及水生态系统服务功能的差异化监测调查方案。基于监测调查结果,采用逐个对比法或统计分析法判断是否达到恢复目标。

6.3.3.3 分析比对

采用分析比对法,对照地表水与沉积物环境治理与水生态恢复方案以及相关的标准规范,分析地表水与沉积物环境治理以及水生态系统服务功能恢复过程中各项措施是否与方案一致,是否符合相关标准规范的要求;分析治理和恢复过程中的相关监测、观测数据,判断是否产生了二次污染和其他生态影响;综合评价治理恢复过程的合规性。

6.3.3.4　问卷调查

通过设计调查表或调查问卷,调查基本恢复、补偿性恢复、补充性恢复措施所提供的生态系统服务功能类型和服务量,判断是否达到恢复目标。此外,调查公众与其他相关方对于恢复过程和结果的满意度。

6.4　常见水生态系统服务功能损害评估方法

6.4.1　产品供给

水生态系统产品供给服务价值是指水生态系统通过初级生产、次级生产为人类提供的淡水产品、水资源供给等的经济价值。

6.4.1.1　水产品供给

运用市场价值法对提供淡水产品的供给服务进行价值核算。核算模型如下:

$$V_{\mathrm{m}} = \sum_{i=1}^{n} Y_i \times P_i \tag{6-1}$$

式中,V_{m} 为生态系统物质产品价值(元/年);Y_i 为第 i 类生态系统产品的产量(根据产品的计量单位确定,如 kg/年等);P_i 为第 i 类生态系统产品的价格(根据产品的计量单位确定,如元/kg 等)。

适用范围:由于水环境污染事件、过度捕捞、侵占围垦等生态破坏事件造成鱼虾等水产品的损失。

6.4.1.2　水资源供给

运用影子价格法对水资源供给价值进行计算。所谓影子价格,是指资源投入的潜在边际效益,它反映了产品的供求状况和资源的稀缺程度,即资源的数量和产品的价格影响着影子价格的大小。资源越丰富,其影子价格越低,反之亦然。对于水资源来说,它所创造的追加效益越高,其影子价格就越高。水资源供给服务计算模型如下:

$$V_{\mathrm{w}}=k \cdot (\prod_{t_0}^{t} PI_t) \cdot P_{\mathrm{w}} \cdot Q_{\mathrm{w}}, \quad k=\frac{(1+r)^t-1}{r(1+r)^t} \tag{6-2}$$

式中,V_{w} 为水资源损失的总价值(元);P_{w} 为受影响水资源的影子价格(元);Q_{w} 为受影响的水资源量(t);PI_t 为水产品出厂价格指数,数据源自中国统计年鉴;t_0 为影子价格的基准年份;r 为现值系数,根据建设部标准定额研究所关于建设项目经济评价参数的研究成果,我国当前的社会现值系数建议取值为 7%～8%;t 指水资源恢复需要的时间。

适用范围:由于水环境污染事件造成的水资源供给服务的损失,以及突发水环境事件采取的应急措施,如通过释放水库水冲走污染团,也造成水资源损失,包括水量减少及水力发电量减少。

6.4.1.3　电力供给

水资源的减少导致电力供给的降低。通过调查发电量,包括水力发电等,核算电力供给的减少量,结合当地电力价格,计算得出电力供给减少的价值量。

6.4.2　支持服务

6.4.2.1　河床结构破坏与土壤流失

河床结构破坏常见于工程建设与河道采砂等活动,造成河床沉积结构、地形地貌与支撑功能的改变。工程建设与河道采砂等活动改变了河流泥沙与输送能力之间的平衡状态,会造成河床下切、河岸侵蚀,损害河床及河岸带的稳定性,并影响河流的自然水文情势。

河床结构破坏通常还带来土壤流失,因河岸带、湖岸带等区域的植被、沉积结构破坏导致岸边土壤、砂层等环境介质失去固着力后随降雨、水流的冲刷而流失,进而造成河岸生态环境和堤防工程等的破坏。土壤流失造成流失区及周边植被生长环境破坏,也易造成堤防工程受损,流失的土壤顺流而下,淤积河床及下游涉水构筑物,造成河流等水体水文情势的变化。

计算河床结构变化与土壤流失的价值量时,以实际恢复工程法进行核算,即通过实测工程建设、采砂活动及土壤流失等情况造成的损失量或破坏量,进行恢复方案设计。

设计河道、河岸等恢复方案时,应按《水利水电工程边坡设计规范》(SL 386—2007)和《堤防工程设计规范》(GB 50286—2013)等技术规范中关于河道边坡设计的要求开展。评估工程恢复效果时,应充分考虑工程建设、采砂行为、土壤流失发生后对河流水动力条件的改变,计算河道冲淤强度、泥沙恢复饱和系数等,进行河道冲刷、河道演变等分析,如采用三维紊流代数应力模型(ASM)研究河床的稳定与变形,采用一维数学模型和动力学模型模拟多级河道泥沙输移等,评估恢复工程实施前后河道、河岸的变化及恢复率。

6.4.2.2 生物多样性与自然人文遗产维护

对于以生物多样性、自然人文遗产维护为主要服务功能的水域,建议采用恢复费用法计算支持功能损失。当恢复方案不可行时,建议采用支付意愿法或保育成本法计算。

(1)恢复费用法

该方法主要根据将生态环境恢复至基线需要开展的生态环境恢复工程措施的费用进行计算,同时,还应包括生态环境损害开始发生至恢复到基线水平的期间损害。以恢复受损生态环境为目标制定恢复方案或评估恢复费用,保证实施恢复措施后生态环境资源所拥有的资源和所提供的生态服务与污染或破坏事故发生前等量或达到稳定的、可持续状态,或者好于水生态环境事件发生前的基线状况。通常采用等值分析法计算期间损害,损失和期望恢复效益可用资源或服务单位形式或者货币形式加以表达。生态环境损害会对许多物种、栖息地、生态系统服务功能及人类使用和非使用价值带来不利影响,因此,损失通常是多方面的。此外,损害的时空范围及损坏程度也因损害的度量方式不同而有所差异。效益是通过补偿性恢复获得的资源或服务效益数量。用量化损失所用的量度对项目的数量、类型和大小进行量化,使预期产生的效益量大致等于损失。为保证损失与效益之间在同一标准下等值,采用以下步骤:量化损害引起的损失;确定每单位效益的预期恢复量,用总损失除以每单位效益恢复量,得出需要的恢复总量。

①量化生态环境期间损害。期间损害的计算公式如下:

$$H = \sum_{t=0}^{n} (R_t \times d_t) \times (1+r)^{T-t} \tag{6-3}$$

式中,H 是期间损害;t 是评估期内的任意给定年($0 \leqslant t \leqslant n$);$n$ 是终止年,是指不再遭受进一步损害(或者通过自然恢复达到基线,或者通过基本恢复措施达到基线)的年份;T 是基准年,为开始评估的年份;R_t 是受损害资源或服务的数量;d_t 是损害程度,指资源或服务的受损程度;r 是现值系数。采用现值系数对过去的资源或服务损失进行复利计算和对未来的资源或服务损失进行贴现计算,现值系数一般取值为 3%。

②确定单位恢复措施产生的恢复期间效益。单位恢复措施产生的生态系统服务期间效益的计算公式如下:

$$E = \sum_{t=t_1}^{n} e \times (1+r)^{T-t} \tag{6-4}$$

式中,E 为补偿性恢复行动的单位效益,即补偿性单位资源量或服务量所产生的单位效益(元);e 为补偿性恢复工程在 t 年的年度单位效益(元);t_1 为补偿性恢复工程的起始年;T 为计算基准年;r 为贴现系数,一般取 0.03;n 为补偿性恢复工程单位效益的贴现值近似为 0 的年份。

③确定补偿性恢复方案的规模。补偿性恢复方案的规模 S 等于需要补偿的期间损害量 H 除以补偿性恢复方案恢复单位资源与服务所产生的效益 E，计算公式如下：

$$S = \frac{H}{E} \tag{6-5}$$

式中，S 为补偿性恢复工程的规模，通常以恢复的资源量或恢复面积来计量；H 为期间损害量；E 为补偿性恢复工程的单位效益（元）。

（2）支付意愿法

生物多样性、自然人文遗产作为一种文化服务资源，其价值主要体现在美学、科研、物种遗传价值等方面，主要体现为非使用价值，可以通过人们愿意为其改善或恢复支付的金额来进行评估。采用支付意愿法进行生物多样性经济价值的评估模型如下：

$$H = \sum_{t=0}^{n} (\Delta Q_{n,t} \times P_{n,t}) \tag{6-6}$$

式中，H 为损失的价值量（元）；t 为评估期内的任意给定年（$0 \leqslant t \leqslant n$），$t=0$ 是起始年，是损害开始年或损失计算开始年，$t=n$ 是终止年，终止年是不再遭受进一步损害（或者通过自然恢复达到基线，或者通过主要恢复措施达到基线）的年份；$\Delta Q_{n,t}$ 为资源或服务随时间的变化，此参数可以是资源或服务因损害引起的总变化的定性描述；$P_{n,t}$ 为资源或服务变化的价值（元），通过问卷调查设计模拟市场来获取人们赋予环境资源或服务变化的价值（用货币衡量），可以利用人们对预防环境变化的支付意愿或不希望变化的接受意愿来表达。

（3）保育成本法

水生态系统的生物多样性保育成本主要根据受损水域的鱼类、鸟类、大型底栖动物、高等植物等的物种丰富度，以及珍稀濒危物种的数量及特征来计算。计算模型如下：

$$P_{bio} = G_{bio} \times S_{生} \times A \tag{6-7}$$

$$G_{bio} = 1 + 0.1 \sum_{m=1}^{x} E_m + 0.1 \sum_{n=1}^{y} B_n \tag{6-8}$$

式中，P_{bio} 为生物多样性价值（元/年）；G_{bio} 为物种保育的实物量；$S_生$ 为单位面积每年物种保护的成本 [元/（hm²·年）]，可结合受损物种或栖息地所在区域的当地保育成本来确定；A 为群落面积（hm²）；E_m 为区域内物种 m 的濒危物种指数分值；B_n 为区域内物种 n 的特有物种指数分值；x 为计算濒危物种指数物种数量（个）；y 为计算特有物种指数物种数量（个）。

6.4.2.3 航运支持

航运支持是指通过内陆水路运输的方式运输人和货物，包括客运和货运。可以采用市场价值法计算直接经济损失。航运支持服务价值主要指计算内陆航运的运输费用。内陆航运的航运量和航运价格数据来源包括《中国统计年鉴》《水资源公报》《中国交通年鉴》《中国旅游业年度报告》与相关省市年鉴或统计资料。航运支持服务价值量为客运价值量和货运价值量的总和，计算模型如下：

$$V_t = Q_客 \times L_客 \times P_客 + Q_货 \times L_货 \times P_货 \tag{6-9}$$

式中，V_t 为航运价值量（元）；$Q_客$ 为水路运输的年客运人数（人次/年）；$L_客$ 为客运路线长度（km）；$P_客$ 为客运价格 [元/（人次·km）]；$Q_货$ 为水路运输的年货运量（t）；$L_货$ 为货运路线长度（km）；$P_货$ 为货运价格 [元/（t·km）]。

适用范围：适用于因水环境污染、侵占围垦、工程建设等污染破坏事件导致的航运功能的降低。

6.4.3 调节服务

6.4.3.1 洪水调蓄

洪水调蓄功能是指自然生态系统凭借其特有的生态结构吸纳大量的降水和过境水、蓄积洪峰水量、削减并滞后洪峰，以缓解汛期洪峰造成的威胁和损失的功能。工程建设、地质结构变化和侵占围垦等事件会造成河道改变，湖泊、河岸、水库以及河口湿地等周边的植被也会被破坏，致使洪水调蓄范围缩小，从而导致洪水调蓄能力减弱。

洪水调蓄量核算的主要思路是依据洪水前后湖泊、水库以及河湖周边沼泽湿地等的水位变化量与相应湿地类型的面积计算。湖泊和水库可直接采用年内水位最大变幅来估算洪水调蓄量：

$$B_1 = S \times \Delta H \tag{6-10}$$

式中，B_1 为调蓄量（m^3）；S 为湖泊或水库面积（m^2）；ΔH 为洪水前后水位变化量（m）。

沼泽湿地则需要同时考虑沼泽土壤蓄水和地表滞水两部分进行核算：

$$B_2 = S \times \Delta H + O \tag{6-11}$$

式中，B_2 为调蓄量（m^3）；S 为沼泽湿地面积（m^2）；ΔH 为洪水前后沼泽湿地水位变化量（m）；O 为湿地泥炭土壤蓄水量（m^2）。

洪水调蓄价值量采用影子工程法进行核算，通过建设水库的成本计算生态系统的洪水调蓄价值。

$$FMV = B \times c \tag{6-12}$$

式中，FMV 为洪水调蓄价值（元）；B 为所有湿地（湖泊、水库、沼泽）的洪水调蓄能力（m^3/m^2）；c 为建设单位库容的造价（元/m^3）。

适用范围：工程建设造成河道改变、地质结构物理变化带来的蓄水容量减少；湖泊、河流岸带或河口湿地植被破坏造成的洪水调蓄降低。

6.4.3.2　水质净化

水质净化功能是指湖泊、河流、沼泽等水域吸附、降解、转化水体污染物，净化水环境的功能。

水质净化核算需要根据污染情况选取不同的核算方法。当水环境质量满足或优于Ⅲ类水时，表明污染物排放量没有超过水环境容量，采用污染物排放量估算水质净化量的实物量。

$$Q_{\text{water purification}} = \sum_{i=1}^{n} Q_i \tag{6-13}$$

式中，$Q_{\text{water purification}}$为水污染物排放总量（kg）；$Q_i$为第$i$类水污染物排放量（kg）；$i$为污染物类别。

当水环境质量劣于Ⅲ类水时，说明污染物排放量超过环境容量，采用水生态系统自净能力估算实物量，将水域按照栅格进行划分。

$$\text{ALV}_x = \text{HSS}_x \times \text{pol}_x \tag{6-14}$$

$$\text{HSS}_x = \frac{\lambda_x}{\overline{\lambda_{\text{w}}}} \tag{6-15}$$

$$\lambda_x = \log\left(\sum{}_U Y_u\right) \tag{6-16}$$

式中，ALV_x为栅格x调节的载荷值（t）；pol_x为栅格x的输出系数；HSS_x为栅格x的水文敏感性得分值；λ_x为栅格x的径流指数；$\overline{\lambda_{\text{w}}}$为流域平均径流指数；$\sum{}_U Y_u$为径流路径内$x$栅格以上栅格产水量的总和。

水质净化价值量采用替代成本法进行计算，利用工业水污染物治理成本进行核算。

$$V_{\text{w}} = \sum_{i=1}^{n} c_i \times Q_i \tag{6-17}$$

式中，V_{w}为生态系统水质净化的价值（元）；c_i为单位污染物治理成本（元/t）；Q_i为污染物水质净化实物量（t）。

适用范围：突发水环境污染事件、累积水环境污染事件以及工程建设造成河流、湖泊、水库以及沼泽等水域的水环境质量降低。

6.4.3.3　气候调节

水生态系统气候调节服务是指通过水面蒸发过程吸收太阳能，降低气温、增加空气湿度、改善人居环境舒适程度的生态功能。气候调节实物量主要依据水面的蒸发量进行估算：

$$E_{we} = \frac{E_w \times q \times 10^3}{3600} \qquad (6\text{-}18)$$

式中，E_{we} 为生态系统水面蒸发消耗的能量（kW·h）；E_w 为水面蒸发量（m³）；q 为挥发潜热（J/g）。

气候调节价值量运用替代成本法进行核算，通过人工调节相应温度和湿度所需要的耗电量进行计算：

$$V_{tt} = E_{we} \times P_e \qquad (6\text{-}19)$$

式中，V_{tt} 为生态系统气候调节的价值（元）；E_{we} 为生态系统调节温湿度消耗的总能量（kW·h）；P_e 为当地生活消费电价（元/kW·h）。

适用范围：侵占围垦和工程建设等生态破坏行为造成水面范围减小，进而导致气候调节能力下降。

6.4.3.4 土壤保持

土壤保持功能是生态系统（如森林、草地等）通过林冠层、枯落物、根系等各个层次保护土壤、消减降雨侵蚀力、增加土壤抗蚀性、减少土壤流失、保持土壤的功能。当河流和湖泊岸带植被或沼泽湿地被侵占围垦时，土壤受侵蚀度会增加，土壤保持功能降低。

通过设置有植被和无植被两种情况，选用两种情况下的植被土壤侵蚀模数进行估算：

$$Q = A \times (X_2 - X_1) \qquad (6\text{-}20)$$

式中，Q 为土壤保持量（m²）；A 为湿地土壤面积（m²）；X_1 为有湿地植被情况下土壤侵蚀模数；X_2 为无植被情况下土壤侵蚀模数。

土壤保持价值量运用替代成本法进行核算，主要从减少面源污染和泥沙淤积两方面进行考虑，通过清淤工程费用和污染物治理费用进行估算。

$$V_{sr} = V_{sd} + V_{dpd} \qquad (6\text{-}21)$$

$$V_{sd} = \lambda \times \left[\frac{Q_{sr}}{\rho} \right] \times c \qquad (6\text{-}22)$$

$$V_{dpd} = \sum_{i=1}^{n} Q_{sr} \times c_i \times R_i \times T_i \qquad (6\text{-}23)$$

式中,V_{sr} 为生态系统土壤保持价值(元/年);V_{sd} 为减少泥沙淤积价值(元/年);V_{dpd} 为减少面源污染价值(元/年);Q_{sr} 为土壤保持量(t/年);c 为单位水库清淤工程费用(元/m³);ρ 为土壤容重(t/m³);λ 为泥沙淤积系数;i 为土壤中污染物种类,$i = 1,2,\cdots,n$;c_i 为土壤中污染物(如氮、磷)的纯含量(%);R_i 为氮、磷、钾元素和有机质转换成相应肥料(尿素、过磷酸钙和氯化钾)及碳的比率;T_i 为尿素、过磷酸钙、氯化钾、有机质(转化成碳)价格(元)。

6.4.4　休闲旅游

对于以休闲娱乐、景观科研为主要服务功能的水域,建议采用旅行费用法计算文化服务损失。旅行费用法是非市场物品价值评估的一种比较成熟的评估技术,主要适用于风景名胜区、休闲娱乐地、国家公园等地的文化服务价值评估。当旅行费用法不可行时,采用支付意愿法计算。

文化旅游服务价值的实物量主要体现为旅游人数,根据旅游部门相关的统计数据获取地区旅游人数,并从中筛选出生态文化旅游人数作为实物量进行核算,即

$$文化旅游实物量 = 生态系统文化旅游人数 \qquad (6\text{-}24)$$

$$旅游文化服务价值 = 消费者实际支出费用 + 消费者剩余 \qquad (6\text{-}25)$$

旅游文化服务价值的调查计算步骤如下:

(1)对旅游者进行抽样调查,获得游客的客源地、游憩花费金额、游憩花费时间和被调查者的社会经济特征。

(2)定义和划分旅游者的出发地区,以此确定消费者的交通费用和经济水平。

(3)计算每一区域内到研究区旅游的人次(旅游率):

$$Q_i = \frac{V_i}{P_i} \tag{6-26}$$

式中，Q_i为旅游率；V_i为根据抽样调查的结果推算出的i区域中到评价地点的总旅游人数；P_i为i区域的人口总数。

（4）根据对旅游者调查的样本资料，用分析出的数据，对不同区域的旅游率和旅行费用以及各种社会经济变量进行回归，建立需求模型，即旅行费用对旅游率的影响。

$$消费者实际支出费用＝交通费用＋景区门票费＋食宿费＋$$
$$购买旅游商品费用＋娱乐休闲费用＋时间成本 \tag{6-27}$$
$$时间成本＝旅行时间×客源地平均工资 \tag{6-28}$$

（5）计算旅游文化服务的剩余价值。

$$V_T = \int_{实际旅费}^{P_m} f(x)\,\mathrm{d}x \tag{6-29}$$

式中，V_T为消费者旅游服务剩余价值（元）；P_m为追加旅费最大值（元）；$f(x)$为旅游费用与旅游率的函数关系式。

参考文献

[1]李昕桐.环境污染及生态破坏导致的森林环境损害鉴定与评估方法 [J].绿色科技，2020(10)：111-112.

[2]於方，赵丹，王膑，等.《生态环境损害鉴定评估技术指南 土壤与地下水》解读 [J].环境保护，2019，47(5)：19-23.

[3]李天棋.论生态环境损害责任中的损害事实要件及其认定 [D].北京：中国政法大学，2020.

[4]向春霞.生态环境损害赔偿责任研究 [D].重庆：西南政法大学，2018.

[5]陈伟.生态环境损害额的司法确定 [J].清华法学，2021，15(2)：52-70.

[6]肖玉.我国城市地下空间开发利用中的环境保护制度研究 [D].石家庄：河北地质大学，2020.

[7]於方，张衍燊，徐伟攀.《生态环境损害鉴定评估技术指南 总纲》解读 [J].环境保护，2016，44(20)：9-11.

[8]王黎明.土壤生态环境损害鉴定评估中基线确定方法讨论 [J].绿色科技，2021，23(6)：20-22.

[9]陈伟.环境侵权因果关系类型化视角下的举证责任 [J].法学研究，2017，39(5)：133-150.

[10]程锡海. 生态环境损害赔偿范围研究 [D]. 海口：海南大学，2018.

[11]吴宣，余志晟，乔冰，等. 典型淡水生态环境损害量化技术研究初探 [J]. 交通节能与环保，2021，17(3)：46-52.

[12]王小钢. 生态环境修复和替代性修复的概念辨正：基于生态环境恢复的目标 [J]. 南京工业大学学报（社会科学版），2019，18(1)：35-43.

[13]刘罗. 南京市突发环境事件应急管理研究 [D]. 南京：南京大学，2019.

[14]张梓太，李晨光. 生态环境损害赔偿中的恢复责任分析：从技术到法律 [J]. 南京大学学报（哲学·人文科学·社会科学），2018，55(4)：47-54.

[15]王萍萍，陈璋琪，洪小琴，等. 地表水环境损害价值量化方法探讨 [J]. 环境与可持续发展，2018，43(1)：54-56.

[16]石春雷. 论环境民事公益诉讼中的生态环境修复：兼评最高人民法院司法解释相关规定的合理性 [J]. 郑州大学学报（哲学社会科学版），2017，50(2)：22-26.

[17]李兴宇. 论我国环境民事公益诉讼中的"赔偿损失" [D]. 重庆：西南政法大学，2016.

[18]韩江，王育才. 农业环境责任保险承保范围研究 [J]. 安徽农业大学学报（社会科学版），2015，24(4)：25-29.

[19]赵伟. 环境民事公益诉讼中恢复原状的法律适用研究 [D]. 重庆：西南政法大学，2018.

[20]翁孙哲. 美国生态损害评估的司法审查及启示 [J]. 中国司法鉴定，2018(6)：1-8.

[21]周建勋. 试论环境公益损害的地位、特征及其证明的必要性：兼评全国首例大气污染案 [J]. 西安电子科技大学学报（社会科学版），2017，27(1)：56-62.

[22]明智. 论我国生态损害赔偿制度之构建 [D]. 南京:南京大学,2017.

[23]孙媛. 中国电煤可应用基准价格研究 [D]. 上海:复旦大学,2008.

[24]冯俊,孙东川. 资源环境价值评估方法述评 [J]. 财会通讯,2009 (25):138-139.

[25]秦格,朱学义,王一舒. 论引资中的现金流量会计 [J]. 财会通讯,2009(6):7-9.

[26]张一凡. 我国环境损害鉴定评估法律制度实证研究 [D]. 郑州:郑州大学,2019.

[27]金建君,江冲. 选择试验模型法在耕地资源保护中的应用:以浙江省温岭市为例 [J]. 自然资源学报,2011,26(10):1750-1757.

[28]王兴龙,葛鹏. 浅谈昆明市环境污染损害鉴定评估 [J]. 环境科学导刊,2013,32(S1):81-84.

[29]张强,蔡俊雄,刘哲,等. 我国生态环境损害司法鉴定发展历程与问题研究 [J]. 中国司法鉴定,2021(4):1-9.

[30]于恩逸,崔宁,吴迪,等. 草原生态环境损害因果关系判定路径 [J]. 生态学报,2021,41(3):943-948.

[31]於方,齐霁,张志宏.《生态环境损害鉴定评估技术指南 损害调查》解读 [J]. 环境保护,2016,44(24):16-19.

[32]蔡先凤,林洁. 海洋生态损害赔偿:鉴定评估与制度保障 [J]. 宁波经济(三江论坛),2019(4):20-23.

[33]陆华梅. 我国检察机关提起行政公益诉讼实践研究 [D]. 桂林:广西师范大学,2018.

[34]彭锐,黄钟霆,邢宏霖,等. 重金属土壤污染纠纷调查与监测布点方法探讨 [J]. 环境与发展,2015,27(2):70-72.

[35]王慧,樊华中. 检察机关公益诉讼调查核实权强制力保障研究 [J].

甘肃政法大学学报，2020(6)：115-123.

[36]李静，任以伟，李勇志，等.油污渗漏水污染事件的生态环境损害调查指标体系初探［J].三峡生态环境监测，2018，3(4)：59-66.

[37]谭冰霖.环境行政处罚规制功能之补强［J].法学研究，2018，40(4)：151-170.

[38]梁增强，毛安琪，杨菁.生态环境损害鉴定评估技术难点探讨[J].环境与发展，2019,31(12):241-242.

[39]钱胜.基于地理信息系统(GIS)扬州地表水质量研究［D].扬州:扬州大学，2009.

[40]中华人民共和国国家环境保护标准 HJ 589—2010 突发环境事件应急监测技术规范［J].油气田环境保护，2021,21(2)：53-59.

[41]朱丽青.杭州主要城区河道的污染特征与生态危害分析［D].杭州:浙江大学，2012.

[42]曹占辉.周村水库水质污染分析评价与模拟研究［D].西安:西安建筑科技大学，2013.

[43]王冰玉.生态环境损害政府索赔诉讼制度研究［D].石家庄:河北经贸大学，2019.

[44]唐小晴，张天柱.环境损害赔偿之关键前提:因果关系判定［J].中国人口·资源与环境，2012，22(8)：172-176.

[45]唐小晴.突发性水环境污染事件的环境损害评估方法与应用［D].北京:清华大学，2012.

[46]赵素芬.环境污染损害鉴定评估法律问题研究［D].石家庄:石家庄经济学院，2015.

[47]张庆伟.环境污染事故经济损失评估研究［D].重庆:重庆大学，2010.

[48]贾晓冉.生态环境损害赔偿责任归责原则[J].黑龙江省政法管理干部学院学报,2019(5):116-120.

[49]潘铁山,万寅婧,潘旻阳,等.瞬时源二维水质模型在环境损害评估中的应用初探:以长江中下游某市水源地污染事件为例[J].污染防治技术,2016,29(1):26-29.

[50]魏红,邓小勇.生态修复刑事司法判决样态实证分析:以清水江流域破坏环境资源保护罪司法惩治为例[J].贵州大学学报(社会科学版),2020,38(5):104-116.

[51]陈红梅.生态修复的法律界定及目标[J].暨南学报(哲学社会科学版),2019,41(8):55-65.

[52]佘亦昕,陈文昶.论环境责任[J].法制博览,2019(12):87-88.

[53]刘画洁,王正一.生态环境损害赔偿范围研究[J].南京大学学报(哲学·人文科学·社会科学),2017,54(2):30-35.

[54]路忻,张清敏,李祥华,等.某非法倾倒危险废物事件环境损害鉴定评估研究[J].环境保护与循环经济,2019,39(1):84-87.

[55]於方,张衍燊,齐霁,等.环境损害鉴定评估关键技术问题探讨[J].中国司法鉴定,2016(1):18-25.

[56]吕忠梅,窦海阳.修复生态环境责任的实证解析[J].法学研究,2017,39(3):125-142.

[57]姚丙林.我国环境污染损害鉴定评估机制现状研究[J].科技风,2016(11):197-198.

[58]吕忠梅."生态环境损害赔偿"的法律辨析[J].法学论坛,2017,32(3):5-13.

[59]王令.严重受污染河道水处理工艺的研究及重金属对其处理效果的影响[D].上海:复旦大学,2011.

[60]环境损害致人身伤害司法鉴定技术导则 [J].伤害医学(电子版),2020,9(2)：64-70.

[61]张明亮.河流水动力及水质模型研究 [D].大连：大连理工大学,2007.

[62]姚名盼.成子河分洪闸消能试验研究及水力特性数值模拟 [D].扬州：扬州大学,2018.

[63]裴倩楠.突发水环境事件水生态环境损害量化方法与应急对策研究 [D].郑州：郑州大学,2018.

[64]朱来英,彭乾乾,王成林,等.天鹅湖子湖治理对地表水环境影响的研究 [J].绿色科技,2020(2)：95-97.

[65]余海艳,王建刚,富可荣.永定河地面沉降对防洪调度的影响分析及对策 [J].中国农村水利水电,2013(10)：151-154.

[66]韦兵,朱健.水库二维恒定水流的垂向温度分布 [J].华北水利水电大学学报(自然科学版),2017,38(6)：82-87.

[67]张秀菊,杨凯,蔡爱芳,等.不确定性参数对水体纳污能力的影响分析 [J].中国农村水利水电,2012(1)：13-17.

[68]符传君.南渡江河口水资源生态效应分析与高效利用 [D].天津：天津大学,2008.

[69]刘桦,何友声.河口三维流动数学模型研究进展 [J].海洋工程,2000(2)：87-93.

[70]董健,潘俊,程昱奇,等.基于过程模拟法研究的热电厂地下水污染风险评价 [J].供水技术,2015,9(4)：12-18.

[71]刘晓波.基于POM模型的三维潮流及物质输运数值模拟研究 [D].南京：河海大学,2004.

［72］秦玉珍.天然水体挥发性有毒物质的模拟［J］.环境化学，1989(6)：11-14.

［73］韩伟慧.酚类污染物在松花江中的迁移扩散模型及活性炭应急措施［D］.哈尔滨:哈尔滨工业大学，2010.

［74］祁佩时，曹猛，刘云芝.河流突发性溢油事故数值模拟研究［J］.哈尔滨商业大学学报(自然科学版)，2011，27(6)：796-799.

［75］贺莹莹，李雪花，陈景文.多介质环境模型在化学品暴露评估中的应用与展望［J］.科学通报，2014，59(32)：3130-3143.

［76］青达罕，许宜平，王子健.基于环境逸度模型的化学物质暴露与风险评估研究进展［J］.生态毒理学报，2018，13(6)：13-29.

［77］朱永青.淀山湖底泥氮磷营养盐释放及其影响因素研究［J］.环境污染与防治，2014，36(5)：70-77.

［78］陈彦熹.非常规水源补给型景观水体的模拟研究［D］.天津:天津大学，2010.

［79］於方，张志宏，孙倩，等.生态环境损害鉴定评估技术方法体系的构建［J］.环境保护，2020，48(24)：16-21.

［80］郭培培，张志宏，许宜平，等.我国地表水与沉积物生态环境损害鉴定评估技术方法研究［J］.环境保护，2021，49(14)：68-71.

［81］韩东刚.改善天津市市区二级河道水质研究［D］.天津:天津大学，2007.

［82］张美兰.有机污染河道生物膜原位处理技术研究［D］.上海:上海交通大学，2009.

［83］姜霞，王书航，张晴波，等.污染底泥环保疏浚工程的理念·应用条件·关键问题［J］.环境科学研究，2017，30(10)：1497-1504.

［84］余德琴.水生态修复过程对浮游甲壳类动物群落结构的影响［D］.合

肥:安徽农业大学,2016.

[85]刘春来.城市河道生态修复技术研究:以无锡市亲水河生态修复为例[J].安徽农业科学,2015,43(35):118-120.

[86]董晋明.污染场地土壤修复技术与修复效果评价[J].山西化工,2019,39(3):195-199.

[87]陈秋兰,陈璋琪,洪小琴,等.基于虚拟治理成本法的水污染环境损害量化评估[J].环保科技,2018,24(1):28-31.

[88]彭小武,蔺尾燕,谢继斌,等.劣质车用柴油大气环境污染损害价值量化核算研究[J].新疆环境保护,2020,42(4):18-23.

[89]郝林华,陈尚,何帅.海洋供给类生态产品价值的核算方法及应用:以浙江省温州市为例[J].环境保护,2021,49(22):54-60.

[90]宋宇.国外环境污染损害评估模式借鉴与启示[J].环境保护与循环经济,2014,34(4):61-64.

[91]赵书晗,高庚申,毛金群,等.某铝土矿区废水排放污染事件环境损害鉴定评估[J].环保科技,2019,25(3):55-60.

[92]王渝孜.森林火灾环境公益诉讼实证研究:以四川省2018—2020年的森林火灾环境公益诉讼判决为样本[J].四川民族学院学报,2021,30(3):87-94.

[93]许志华,卢静暄,曾贤刚.基于前景理论的受偿意愿与支付意愿差异性:以青岛市胶州湾围填海造地为例[J].资源科学,2021,43(5):1025-1037.

[94]马鹏嫣,王智超,李晴,等.秦皇岛市北戴河区森林生态系统服务功能价值评估[J].水土保持通报,2018,38(3):286-292.

[95]张婕姝,陈靖瑶.上海国际航运中心建设支持政策的量化评价[J].上海海事大学学报,2020,41(1):116-121.

[96]廖薇.黎平县生态系统生产总值(GEP)核算研究[D].贵阳:贵州大学,2019.

[97]唐尧,祝炜平,张慧,等.InVEST模型原理及其应用研究进展[J].生态科学,2015,34(3):204-208.

[98]唐尧.土地利用变化对生态系统服务功能的影响[D].杭州:杭州师范大学,2015.

[99]吴哲,陈歆,刘贝贝,等.基于InVEST模型的海南岛氮磷营养物负荷的风险评估[J].热带作物学报,2013,34(9):1791-1797.

[100]马汪莹.辽河保护区生态系统服务价值变化评估[D].石家庄:河北师范大学,2015.

[101]王玥.突发水源苯酚污染给水应急处理技术研究[D].哈尔滨:哈尔滨工业大学,2013.

[102]杨燕敏.突发水污染环境事件应急监测常见问题及对策[J].资源节约与环保,2020(4):28.

[103]廖薇,刘延惠,曾亚军,等.赤水市生态系统生产总值核算研究[J].中国林业经济,2019(3):111-117.

[104]刘彬.水生态资产负债表编制研究[D].北京:中国水利水电科学研究院,2018.

[105]潘莹,郑华,易齐涛,等.流域生态系统服务簇变化及影响因素:以大清河流域为例[J].生态学报,2021,41(13):5204-5213.

[106]于淼,金海珍,李强,等.呈贡区生态系统生产总值(GEP)核算研究[J].西部林业科学,2020,49(3):41-48.

[107]王莉雁,肖燚,欧阳志云,等.国家级重点生态功能区县生态系统生产总值核算研究:以阿尔山市为例[J].中国人口·资源与环境,2017,27(3):146-154.

[108]刘勤.海洋空间资源性资产流失的测度与治理［D］.青岛:中国海洋大学,2009.

[109]翟文.宗教旅游资源价值评估研究［D］.兰州:兰州大学,2007.

[110]李雪艳.喀纳斯景区旅游资源游憩价值评价［J］.林业资源管理,2010(4):88-92.

[111]赵强,李秀梅,王乃昂,等.旅行费用法两种技术路线的应用比较［J］.南京林业大学学报(自然科学版),2009,33(1):106-110.

[112]贾全星.基于消费者剩余的旅游资源价值评价方法及其应用研究［D］.成都:西南交通大学,2006.

[113]王晶,杨宝仁.旅行费用法在北方森林动物园资源价值评估中的应用［J］.经济师,2010(7):64-65.